超伝導エレクトロニクス入門

Introduction to Superconducting Electronics

中山明芳　著

社団法人 電子情報通信学会編

まえがき

超伝導現象及び超伝導回路の基礎的事項を学習するために本書は書かれたものである．超伝導状態及び超伝導回路の特性を，特にエネルギーという観点から考察していて，大学学部生，大学院生の学習用として書かれている．

基本的な超伝導現象については，第1章のところでまとめた．特に超伝導においては，オーダパラメータという物理量が出てくる．超伝導体の中では多数の電子がある安定な状態にあり，ある秩序だった状態になっている．この秩序状態を表すのに，超伝導体の各点にオーダパラメータと呼ばれる複素数の値を対応させて考える．この手法により，多くの超伝導現象がうまく説明できるのである．超伝導体のある点でのオーダパラメータの値は複素数であるから，複素数と同じく，オーダパラメータの大きさと位相を考えることができる．特に，この位相が大切な量である．

第2章以降では，超伝導現象と超伝導回路を「エネルギー」という視点から考えていく．まず第2章は，そのための基本事項の準備の章である．ばねや曲面上の質点の力学，コンデンサやインダクタを使った電気回路などの簡単な例から始めて，それぞれの場合の「エネルギー」，静特性と動特性，これらの例同士の対応を述べている．第2章前半では，電圧源，電流源のポテンシャルエネルギーという量も導入する．この準備をもとに，第2章後半では，超伝導体の自由エネルギーについて述べる．

第3章と第4章では，ジョセフソン効果について述べる．オーダパラメータの位相の時間変化が電磁界のスカラポテンシャルの定数倍に等しいという現象は，acジョセフソン効果と呼ばれる．この現象は，オーダパラメータの（ゲージ不変な）位相差の時間変化が，電圧の定数倍に等しいと言い換えることもできる．また，2枚の超伝導体に挟まれた薄い酸化膜を通して超伝導電流が流れる現象は，

dcジョセフソン効果と呼ばれ，第4章で考える．

第5章と第6章では，超伝導量子干渉計（SQUIDとも呼ばれる）について述べる．このSQUIDには代表的に，超伝導体ループにジョセフソン接合が一つあるrf-SQUIDと，超伝導体ループの途中に接合が二つあるdc-SQUIDがある．接合のみの例などの簡単な場合についての考察から始めて，このSQUIDの特性を考えていく．

第7章では，超伝導線路について考察し，特に定常電流が流れ静磁界の簡単な場合について線路のインダクタンスを評価する．第8章では，ジョセフソン素子を使った論理回路と記憶回路を簡単に記述する．

第9章では，ギンツブルグ・ランダウ方程式（GL方程式）を導く．第2章での準備をもとに，この第9章では，超伝導体に磁界が加えられ，オーダパラメータの値が場所により変化する状況での，超伝導体の自由エネルギーというものを考える．この自由エネルギーが極小になる条件は，ある方程式で表すことができる．この方程式はGL方程式と呼ばれる．第9章では，このGL方程式を導いている．

物理一般の勉強と同じように，超伝導現象や超伝導回路の勉強も取り掛かりのところが難しいかもしれない．しかし，本書を読んでもらうと分かって頂けるように，基本となる考え方，そしてそれを表す物理量やその物理量の間の関係を表す方程式の数はそんなに多くない．他の物理学や工学の分野と同様に，まず基本的な事項が理解できることが望ましく，本書においても基本方程式の導出は丁寧に記述してあるので，自習にも適していると思われる．また，本書では，超伝導現象と超伝導回路を学ぶための最も基本的な事項を，いろいろなやさしい例をもとに詳しく述べている．こうして超伝導の基本事項を学んだのち，より上級者用の本の学習にも進んでほしい．

本書の執筆にあたりいろいろと御助言頂いた東京大学岡部洋一先生に深く感謝する．また，本書を完成するために長く御支援頂いた電子情報通信学会出版委員の各位，学会出版事業部の方々に感謝する．

2003年10月

中山　明芳

目　　次

第1章　超伝導現象

1.1　マイスナー効果 …… 1
1.2　磁束の量子化とオーダパラメータ …… 3
　1.2.1　オーダパラメータの分布 …… 3
　1.2.2　ループ状の超伝導体 …… 4
　1.2.3　磁束の量子化と永久電流 …… 5
1.3　ジョセフソン接合 …… 9
1.4　超伝導量子干渉計 …… 10

第2章　超伝導状態の自由エネルギー

2.1　簡単な例 …… 14
　2.1.1　ばねの例 …… 14
　2.1.2　定電圧源のポテンシャルエネルギー …… 16
　2.1.3　定電流源のポテンシャルエネルギー …… 18
2.2　超伝導状態の自由エネルギー …… 23
　2.2.1　インダクタの磁気エネルギー …… 23
　2.2.2　磁性体の自由エネルギー …… 25
　2.2.3　超伝導状態の自由エネルギー …… 28

第3章　acジョセフソン効果

3.1　acジョセフソン効果 …… 30
　3.1.1　基準点からの経路を定めた点での位相 …… 30

3.1.2　位相とスカラポテンシャル …… 32
3.1.3　ゲージ変換と位相 …… 33
3.2　ゲージ不変な位相差 …… 35
3.2.1　超伝導体に沿ってのゲージ不変な位相差 …… 35
3.2.2　超伝導体の外に出る経路に沿ってのゲージ不変な位相差 …… 37
3.2.3　電圧とゲージ不変な位相差 …… 38
3.2.4　回路理論との無矛盾性 …… 40

第4章　dcジョセフソン効果

4.1　超伝導体中の電流 …… 42
4.1.1　一般化運動量と電流の式 …… 42
4.1.2　ロンドンの進入長 …… 43
4.2　ジョセフソン接合 …… 46
4.2.1　トンネル形接合 …… 46
4.2.2　弱結合形接合 …… 47
4.2.3　ベクトルポテンシャルも考慮したときの超伝導電流の大きさ …… 50
4.2.4　電流の向きと位相の傾き …… 52
4.3　ジョセフソン接合のエネルギー …… 52
4.4　ジョセフソン電流の磁界依存性 …… 55

第5章　rf-SQUIDの特性

5.1　rf-SQUID …… 59
5.1.1　真ん中に穴のあいた円筒形超伝導体 …… 59
5.1.2　大きなギャップのある円筒形超伝導体 …… 60
5.1.3　狭いギャップのある円筒形超伝導体（SQUID） …… 61
5.2　ソレノイドコイルとコンデンサの並列回路 …… 63
5.2.1　LC並列回路の共振現象 …… 63
5.2.2　洗濯板モデル（力学的モデルとの類推） …… 65
5.2.3　電流源をつないだLC並列回路 …… 67
5.2.4　損失のあるLC並列回路 …… 70

5.2.5　ジョセフソン接合のポテンシャルエネルギー …… 71
5.3　rf-SQUIDの特性 …… 77
5.3.1　電流注入形のrf-SQUID …… 77
5.3.2　rf-SQUIDを流れる電流 …… 78
5.3.3　rf-SQUIDの鎖交磁束と接合の位相差 …… 78
5.3.4　rf-SQUIDの静特性（ヒステリシスのある場合とない場合） …… 80
5.4　rf-SQUIDの動特性 …… 84
5.4.1　rf-SQUID（損失成分のない場合）の解析 …… 84
5.4.2　損失成分を考慮した場合のrf-SQUIDの解析 …… 86
5.5　rf-SQUIDのポテンシャルエネルギー …… 88
5.5.1　$2\pi Li_c < \Phi_0$を満たす場合のrf-SQUIDのバイアス電流-鎖交磁束特性 …… 88
5.5.2　$2\pi Li_c < \Phi_0$を満たす場合のrf-SQUIDの動特性 …… 90
5.5.3　$2\pi Li_c > \Phi_0$を満たす場合のrf-SQUIDのバイアス電流-鎖交磁束特性（その1） …… 91
5.5.4　$2\pi Li_c > \Phi_0$を満たす場合のrf-SQUIDの動特性 …… 94
5.5.5　$2\pi Li_c > \Phi_0$を満たす場合のrf-SQUIDのバイアス電流-鎖交磁束特性（その2） …… 96

第6章　dc-SQUIDの特性

6.1　インダクタンス成分も考慮したdc-SQUIDのモデル …… 98
6.2　定常状態でのdc-SQUIDの基本方程式 …… 100
6.3　バイアス電流i_bの取りうる範囲 …… 102
6.4　dc-SQUIDの動特性 …… 104
6.4.1　dc-SQUIDの洗濯板モデル－dc-SQUIDのポテンシャルエネルギー …… 104
6.4.2　dc-SQUIDのポテンシャルエネルギー面の具体例 …… 109

第7章　超伝導線路

7.1　平行平板の超伝導体線路 …… 120

7.2　超伝導体線路のエネルギー …… 123

第8章　ディジタル回路

8.1　論理回路 …… 127
8.1.1　論理回路素子（クライオトロンとジョセフソン素子） …… 127
8.1.2　ジョセフソン素子を使った論理回路 …… 128
8.1.3　論理回路のスイッチング時間 …… 131
8.2　記憶回路 …… 133
8.2.1　干渉計形記憶セル …… 133
8.2.2　超伝導ループ形記憶セル …… 142

第9章　GL方程式

9.1　磁界がない場合の超伝導体の自由エネルギー …… 145
9.1.1　磁界がない場合の超伝導体の自由エネルギー …… 145
9.1.2　自発的対称性の破れ …… 147
9.2　磁界がある場合の超伝導体の自由エネルギー …… 149
9.2.1　磁界がある場合の超伝導体の自由エネルギー …… 149
9.2.2　変分法 …… 154
9.2.3　オーダパラメータの大きさについての極小条件 …… 156
9.2.4　オーダパラメータの位相についての極小条件 …… 161
付録Ⅸ-A　オーダパラメータの大きさについての極小条件の求め方 …… 163
付録Ⅸ-B　オーダパラメータの位相についての極小条件の求め方 …… 165
付録Ⅸ-C　電磁界のベクトルポテンシャルについての極小条件の求め方 … 168

参考文献 …… 173

索　　引 …… 175

第 1 章

超伝導現象

超伝導は1911年カマリン・オネスにより，約4.2 K以下で水銀の抵抗値が測定できないほど小さくなるという形で初めて発見されている．まず本章では，この超伝導の著しい特性をまとめておこう．この超伝導の特徴的な性質としては，

（i） 超伝導体内の磁束密度が0（反磁性の効果）

（ii） 直流抵抗の消滅

（iii） 超伝導体でつながれた接合間の干渉効果（超伝導量子干渉計という形で利用）

（iv） オーダパラメータにより表される超伝導状態

（v） 超伝導電子（クーパー対）のトンネル効果

がある．

1.1　マイスナー効果

超伝導体の最も顕著で基本的な性質は，マイスナー（Meissner）効果と呼ばれる現象である．この現象は，超伝導体内部で磁束密度$\boldsymbol{B}$が$\boldsymbol{B}=\boldsymbol{0}$となるというものである．超伝導になる物質からなる試料を考える．試料の形は細長い円筒形であるとする．まず，磁界を加えることなく，この試料を冷却し，超伝導の状態にする．試料内部の磁束密度$\boldsymbol{B}$は$\boldsymbol{0}$である．次に，徐々にこの試料に外部から円筒形の軸の向きに磁界を加えていく．外部から磁界を加えて

いっても，試料内部の磁束密度$\boldsymbol{B}$は$\mathbf{0}$のままである．超伝導体内部で$\boldsymbol{B}=\mathbf{0}$という状態が，エネルギー的に見て最も安定であるといえるのである．しかし，どんなに強い磁界を加えても，常に超伝導体内部で$\boldsymbol{B}=\mathbf{0}$というわけではない．この加える磁界の強さ$\boldsymbol{H}$の大きさ$H$にある臨界値$H_c$があって，この臨界値$H_c$より加える磁界の強さが強い場合は，試料内部で$\boldsymbol{B}=\mathbf{0}$ではなくなり，磁束は試料内部に入り，試料は常伝導状態になる．この状態から磁界を弱くしていき，磁界の強さHがまた臨界値H_c以下になると，再び試料内部は$\boldsymbol{B}=\mathbf{0}$となり，試料は超伝導の状態に戻る．すなわち，この印加磁界の大きさHが臨界値H_c以下では試料内部で$\boldsymbol{B}=\mathbf{0}$の超伝導の状態が安定な状態であり，$H$が$H_c$以上では磁束が試料内部に入っている常伝導の状態が安定な状態である．

このH_cは温度依存性を持ち，$H_c(T)$と書くと，$H_c(T)$の温度依存性から**図1.1**のような相図を考えることができる．図で実線は転移曲線で，この実線より左下が超伝導状態で右上が常伝導状態である．言い換えれば，各温度Tにおいて臨界値$H_c(T)$以下で磁束を吐き出している状態（曲線より左下の状態）は超伝導状態であり，$H_c(T)$以上で磁束が試料内部に入っている状態（曲線より右上の状態）は常伝導状態であるということになる．

図1.1で特に磁界が存在しない状態に注目してみると，超伝導体はある温度以上では超伝導の性質を示さず常伝導の状態である．常伝導の状態から超伝導体の状態に転移する温度は，超伝導転移温度または臨界温度（以下，T_cと

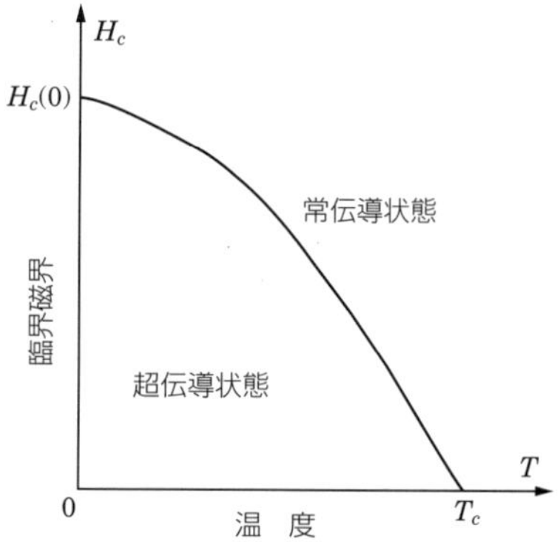

図1.1　超伝導体の臨界磁界の温度特性

書く）と呼ばれる．この温度は図1.1の相図で，転移曲線が横軸のT軸と交わる点の温度である．すなわち，超伝導転移温度は，H_cが0となる温度であるともいえる．

超伝導体のマイスナー効果をより具体的に考える．まず，軸方向の長さが半径に比べて十分長い円筒の形（針状）の超伝導体のまわりにソレノイドコイルを置く．

図1.2に示すように，ソレノイドコイルに電流を流すことにより，ソレノイドコイルの内側に上向きの（z軸の正の向きの）平行磁界をつくる．試料表面でその磁界の強さはH_aで，磁束密度でいうとその大きさは$B_a = \mu H_a$である．H_aが$H_c(T)$以下であればしかし，超伝導体内には磁束が入り込まず，超伝導体内では磁束密度$\boldsymbol{B} = \boldsymbol{0}$である．この現象がマイスナー効果である．

このとき，超伝導体表面には超伝導電流が流れており，超伝導体の中に磁束が入り込まないようにしている．この電流は反磁性電流と呼ばれる．超伝導体の表面をこの反磁性電流は，図1.2で上のほうから下を見て，時計方向に循環する．この反磁性電流により超伝導体内には下向きの磁界が生じる．このように，反磁性電流は，外部のソレノイドコイルにより生じた磁界を，超伝導体の内部において打ち消しているわけである．

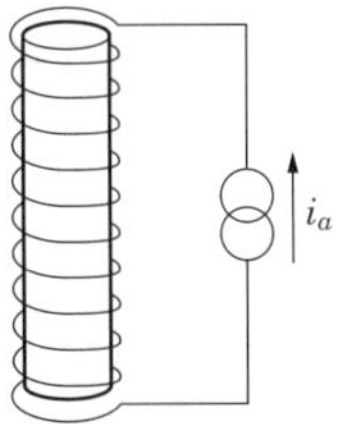

図1.2　細長い円筒の形の超伝導体とソレノイドコイル

1.2　磁束の量子化とオーダパラメータ

1.2.1　オーダパラメータの分布

次に，磁束の量子化について述べる．まず，ループ状になっている超伝導体を考える．このとき，超伝導体ループの中の磁束，言い換えればループと鎖交する磁束は勝手な値を取れず，その磁束はある値の整数倍のみに限られる．これを磁束の量子化と呼ぶ．この単位となる磁束を磁束量子という．ただし，線状の超伝導体をループ状にしている場合はその太さが，ある特性長λ（ロンドンの進入長と呼ばれる）に比べて十分太いものとし，板状の超伝導体をループ状にしているときはその厚さが，このλに比べて十分厚いものとする．この磁束の量子化の現象は，超伝導体の各点各点において，オーダパラメータという，ある複素数の値が対応すると考えることにより，説明できる．

超伝導状態では，電子がある凝縮状態にあると考えられる．この電子の凝縮状態を，複素数で表現することができる．超伝導体の各点での超伝導状態は，**図1.3**に示すように，複素平面上の原点を中心とする単位円上のある値$\boldsymbol{\Psi}$により表される．こう考えると，磁束の量子化もうまく説明できる（より一般的にはこの円の半径は1ではないが，簡単のためここでは単位円とする）．超伝導体の各点での$\boldsymbol{\Psi}$は，超伝導状態を表す「オーダパラメータ」と呼ばれる．

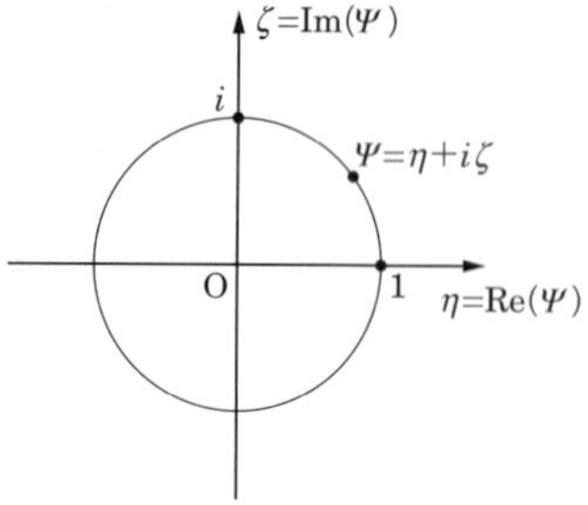

図1.3　オーダパラメータの複素平面上の軌跡

1.2.2　ループ状の超伝導体

まず線状の超伝導体を考える．線状の超伝導体の位置xにおけるオーダパラメータの値を$\boldsymbol{\Psi}$と置く．複素数$\boldsymbol{\Psi}$の実部をη，虚部をζとして

$$\boldsymbol{\Psi} = \eta + i\zeta \tag{1.1}$$

（ηとζは実数，iは虚数単位，$i^2 = -1$）と表すことにする．複素平面はη-ζ平面で表すこととする．線状の超伝導体でのオーダパラメータの分布を三次元のx-η-ζ空間で表すことにする．xの値が増えるに従って$\boldsymbol{\Psi}$の値が複素平面を時計方向に回るのなら，このx-η-ζ空間でのオーダパラメータ$\boldsymbol{\Psi}$の軌跡はらせん状になる．

次に，ループ状の超伝導体を考える．このループ状の超伝導体は，点aと点a′とを両端とする線状の超伝導体の両端をくっつけたものと考えれば，両端の点aと点a′のオーダパラメータ$\boldsymbol{\Psi}$の値は互いに等しくなければならない．これは「超伝導体のある場所での$\boldsymbol{\Psi}$の値は一通りに決まる」と考えているからである．この性質は「オーダパラメータの一価性」と呼ばれることもある．$\boldsymbol{\Psi}$の値が時間的にも変化する場合は，この性質は「超伝導体のある場所の，ある時刻での$\boldsymbol{\Psi}$の値は一通りに決まる」と読み替えればよい．

このループ状の超伝導体の例では，点aを基準と考え，ここで$\Psi=1$であるとすると，点a′でも$\Psi=1$でなければならない．この条件によりループ状の超伝導体のオーダパラメータΨの分布は制約を受ける．もちろん，すべてのところで$\Psi=1$であるというのも解となる．**図1.4**に示すように，角度φを決めると，ループ状の超伝導体での場所をその半径をrとして，$x=r\varphi$で指定することができる．このφは0から2πまでの値を取る．

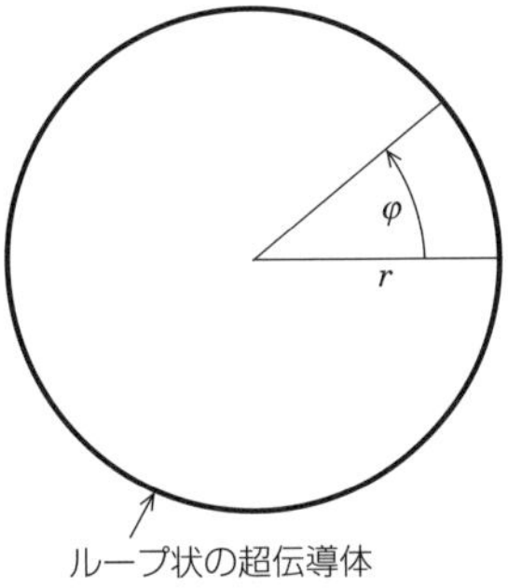

図1.4　ループ状の超伝導体

基準の点aでの$\Psi=1$の値から出発し，φの値が増えるに従ってΨの値が複素平面を反時計方向に回るのなら，φが2πとなったときに必ず再び$\Psi=1$とならなくてはならない．よって，ちょうどΨの軌跡は複素平面で原点のまわりを整数回（N回）回る．**図1.5**に$N=2$, 1, 0, -1, -2の場合を示す．また**図1.6**に示すように，この超伝導体のループΓ（円）と，オーダパラメータΨの値の取りうる空間（複素平面上で原点を中心の単位円）の対（Γ, Ψ）はトーラス上にあり（トーラスの形は水泳の浮袋の形と考えてよい），$N=2$, 1, 0, -1, -2の場合の軌跡を図に示した．どの場合もオーダパラメータΨの軌跡は，このトーラス上で真ん中の穴を1周する閉曲線となる．

1.2.3　磁束の量子化と永久電流

このオーダパラメータΨの変化は磁界と密接な関係がある．ループ状の超伝導体でこのような断面が一定の超伝導体の場合，場所によりΨの大きさ（絶対値）が変化しないと考えてよい．このように，場所によりΨの大きさが変化しない場合，Ψの位相をθとし，超伝導電流の電流密度を$\boldsymbol{j}$，電磁界のベクトルポテンシャルを$\boldsymbol{A}$として，超伝導体の各点に置いて

$$-\alpha\boldsymbol{j}=\nabla\theta+\frac{2e}{\hbar}\boldsymbol{A} \tag{1.2}$$

の関係式が成り立つ．この式は後の第4章で得られるものである．$\nabla\theta$は位相の傾きであり，gradθ若しくは$\partial\theta/\partial r$と書かれることもある．ここで，$e$は単

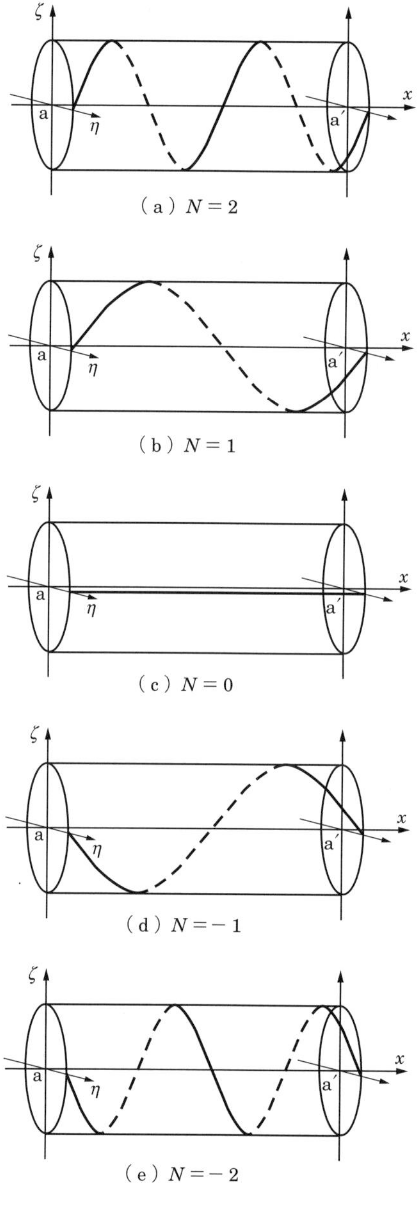

図1.5　超伝導体ループでのオーダパラメータの軌跡

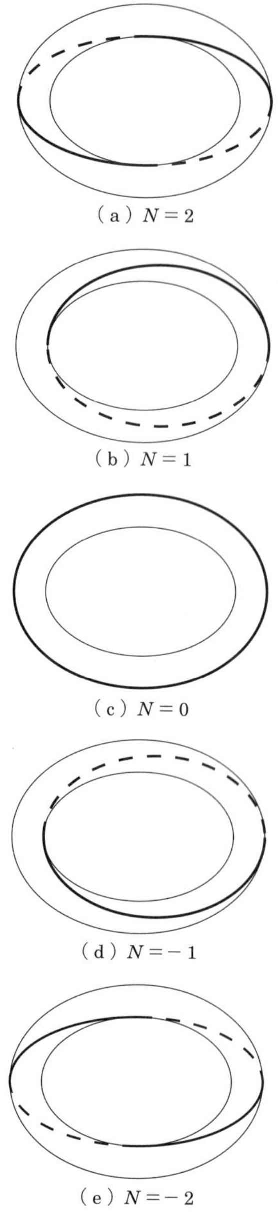

図1.6　超伝導体ループΓと，オーダパラメータ$\boldsymbol{\Psi}$の値の対$(\Gamma, \boldsymbol{\Psi})$を直接トーラス上に表示したもの

位電荷で，$e > 0$とする．電子1個の電荷は$-e$となる．また，$\hbar = h/(2\pi)$（hはプランク定数）であり，αはある正の定数である．

超伝導電流は超伝導体表面を流れると考えてよい．超伝導体の十分内部では電流は流れていないとしてよい．超伝導体の十分内部においては，式（1.2）で$\boldsymbol{j} = 0$と置くことができる．よって

$$\nabla\theta = -\frac{2e}{\hbar}\boldsymbol{A}$$

（超伝導体の十分内部）　(1.3)

となり，位相の傾き$\nabla\theta$は，電磁界のベクトルポテンシャル$\boldsymbol{A}$の$-2e/\hbar$倍に等しい．超伝導体の内部を通り，穴のまわりを1周するループΓ（ガンマ）を考える．このループΓに沿って式（1.3）の両辺を線積分する．右辺のベクトルポテンシャル$\boldsymbol{A}$のループΓに沿っての線積分は，ループΓに鎖交する磁束$\boldsymbol{\Phi}$に等しい．左辺はループΓを1周することに伴う位相の増加分に等しく，オーダパラメータの一価性よりNを整数として位相の増加分は$2\pi N$である．式の中の$\boldsymbol{A}$の係数$-(2e/\hbar)$を考えると，ループΓと鎖交する磁束$\boldsymbol{\Phi}$は$-Nh/(2e)$である．以下，$h/(2e)$を磁束量子$\boldsymbol{\Phi}_0$と呼ぶことにすると，$\boldsymbol{\Phi}$は磁束量子$\boldsymbol{\Phi}_0$の整数倍となる．この$\boldsymbol{\Phi}_0$は約2.07×10^{-15}（Wb）という値である．このように，超伝導体ループと鎖交する磁

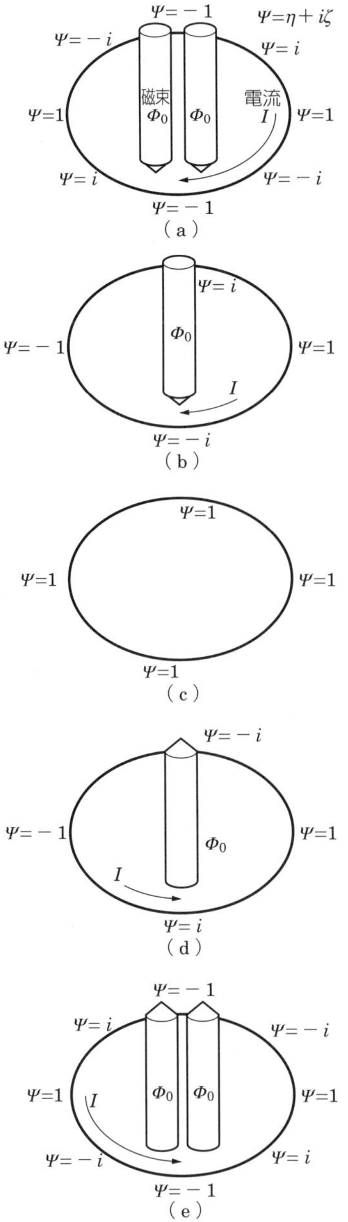

図1.7　超伝導体ループの各点でのオーダパラメータの値と磁束の量子化

束は量子化される．**図1.7**に超伝導体ループでの電流，磁束の量子化の様子を示す．図1.6と対応させて表示しているので比較されたい．

次にこの磁束の量子化について調べるのに，**図1.8**に示すような真ん中に穴のあいた円筒形の，低温で超伝導になる試料を考える．温度が超伝導転移温度以上で試料が常伝導状態のときに，試料をソレノイドコイルの中に入れて上向きに磁界を加える．磁界を加えたまま温度を転移温度以下にし，超伝導状態にする．このとき，マイスナー効果により超伝導体自体の内部では，磁束密度が0である．円筒の内側表面に電流i_1が流れ，円筒の外側表面に電流i_2が流れることにより，磁束が超伝導体それ自体の内部に入らないようにしている．磁束を超伝導体内部から追い出しているので，この電流i_1とi_2は反磁性電流と呼ばれる．中空円筒の真ん中の穴には，ある量の磁束が捕えられることになる．次に，ソレノイドコイルの電流を0にして，試料に外部から加えている磁界の強さも0とする．このとき，円筒の外側表面を流れる電流i_2は，外側の磁界の大きさに比例して小さくなっていく．超伝導体の外側の磁界がなくなっても，超伝導体におけるマイスナー効果により，穴に捕えられた磁束は変化せず，捕えられたままである．円筒の内側表面には，電流i_1が相変わらず流れ，磁束が超伝導体内部に入らないようにしている．この電流i_1が穴の中の磁束をつくっていると解釈することもできる．この中空円筒の試料が超伝導状態にある限り，超伝導体ループの穴に捕えられた磁束の量は変化しない．穴に捕えられた磁束の量が変化しないのであれば，この電流i_1も変わらないことになる．このように，超伝導状態の中空円筒の試料に流れる電流は変化することがなく，永久電流となる．

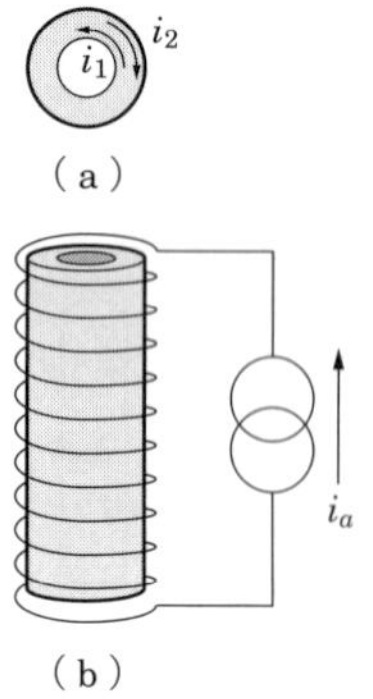

図1.8 真ん中に穴のあいた円筒形超伝導体とソレノイドコイル

今，穴に捕えられた磁束が磁束量子でN個ある（Nは1以上の整数）とする．ループを1周する間の位相の変化は$2\pi N$である．超伝導体ループの穴に捕えられた磁束が減少するためには，この磁束が磁束量子でN個分から

$(N-1)$ 個分に減り，位相変化量は $2\pi N$ から $2\pi(N-1)$ に変化しなければならない．Ψ の軌跡に沿ってひもを巻き，ひもの両端を結ぶと分かるように，トーラスのまわりに N 回巻きついているひもを，ひもをほどくことなく，$N-1$ 回巻きついている状態にすることはできない．トーラスが縮んで超伝導体ループのどこかの場所で，図1.3のオーダパラメータの単位円が1点にならないことにはできないので，超伝導体ループの少なくとも1か所の超伝導が壊れなくてはいけないことになる．このような理由により，ループ全体が超伝導である限り，ループの穴に捕えられた磁束は変化しない．鎖交磁束と超伝導体に流れる電流（電流 i_1）は比例すると考えてよいので，この鎖交磁束が変化しないのであれば，ループを流れる電流も変化しないことになる．永久電流となるわけである．

1.3　ジョセフソン接合

「非常に薄い絶縁膜を挟んで二つの超伝導体があるとき，二つの超伝導体の間に電流が流れていても，二つの超伝導体の間の電位差が0でありうるという現象」が，まずジョセフソンにより理論的に予言され，翌年実験によりこの現象が確かめられた．この現象は，言い換えると，一方の超伝導体から他方の超伝導体へ，電子のみならず，いわば超伝導電子対（クーパー対）もトンネルするというわけである．この現象をジョセフソン効果と呼ぶ．このように「非常に薄い絶縁膜を挟んで二つの超伝導体のある構造」はジョセフソン接合と呼ばれる．

二つの超伝導体間に電位差なしで，いくらでも大きな電流を流せるわけではなくて，流しうるある上限がある．二つの超伝導体を超伝導体電極a及び超伝導体電極bと呼ぶことにすると（**図1.9**），この超伝導体電極bから電極aに向かって，接合を電位差なしで流れる電流 i は，二つの超伝導体電極間の「（ゲージ不変な）位相差 γ」の sin に比例し

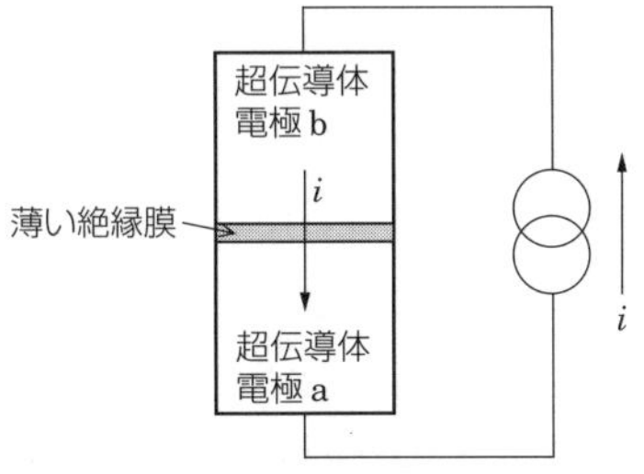

図1.9　ジョセフソン接合

$$i = i_c \sin\gamma \tag{1.4}$$

の関係が成り立つ．

正確にはγには，ジョセフソン効果の第4章で見るように，電磁界のベクトルポテンシャル$\boldsymbol{A}$の線積分の項が入っている．ここでは簡単のため，この$\boldsymbol{A}$の線積分の項は小さいとして無視すると，基準となる電極aのオーダパラメータの位相をθ(a)，もう一方の電極bの位相をθ(b) として

$$\gamma = \theta(\mathrm{b}) - \theta(\mathrm{a}) \tag{1.5}$$

である．電極a側を基準点として$\theta(\mathrm{a}) = 0$とすれば，$\theta(\mathrm{b}) = \pi/2$のとき，最大の電流が流れることが分かる．このとき，$i = i_c$であるから，i_cは，この接合の臨界電流（値）と呼ばれる．仮に，$\theta(\mathrm{b}) = \pi/6$なら，$i = i_c \sin(\pi/6) = i_c/2$の電流が電位差なしで流れるわけである．

1.4　超伝導量子干渉計

この節では超伝導量子干渉計（Superconducting QUantum Interferometer Device，SQUIDと略す）の動作を簡単なモデルで考えてみる．

二つの接合を並列に超伝導体でつないでループとする．この構造はdc-SQUIDと呼ばれる．仮にそれぞれの接合の超伝導電流の臨界電流の値を1 mAとすると，この二つの接合を並列に接続した場合，合わせて2 mAの超伝導電流が電位差なしで流れそうである．しかしながら，「二つの接合を超伝導体で並列につないだ場合」は，そう単純ではない．二つの接合を超伝導体で並列につないだ場合，この二つの接合の「(ゲージ不変な）位相差γ」はそれぞれ，勝手な値を取ることができない．この二つの接合は互いに干渉しあうわけであり，例えば超伝導体ループと鎖交する磁束が磁束量子のちょうど半分のとき，「並列に接続した二つの接合」には，超伝導電流を少ししか流すことができないということが起こる．「超伝導体ループの途中にいくつかの接合が入った構造」は超伝導量子干渉計（SQUID）と呼ばれる．特に，超伝導体のループの途中2か所に接合がある構造はdc-SQUIDと呼ばれる．このdc-SQUIDは，「超伝導体の線で並列に接続した二つの接合の構造」であるともいえる．ちなみに，超伝導体のループの途中1か所に接合がある構造は，rf-SQUIDと呼ばれる．ここでは，「超伝導体部分の持つインダクタ成分を省略

した簡単なモデル」でdc-SQUIDを考えてみよう．

この場合，**図1.10**のように，下側の超伝導体に点a，上側の超伝導体に点bを取る．「点aを出発し，左の接合J_1を横切り点bにたどり着く経路」をΓ_1，「この点bを出発し，右の接合J_2を横切り点aに戻る経路」をΓ_2とする．このとき，経路Γ_1に沿っての「ゲージ不変な位相差γ_1」という量を，次のように考えることができる．まず，出発点（始点）の点aでの超伝導のオーダパラメータ$\boldsymbol{\Psi}$(a)を考え，点aでの$\boldsymbol{\Psi}$(a)の位相をθ(a)とする．経路をΓ_1に沿って電磁界のベクトルポテンシャル$\boldsymbol{A}$の線積分を求める．到着点（終点）の点bでのオーダパラメータ$\boldsymbol{\Psi}$(b)の位相をθ(b)と置く．「ゲージ不変な位相差γ_1」は次式で定義される．

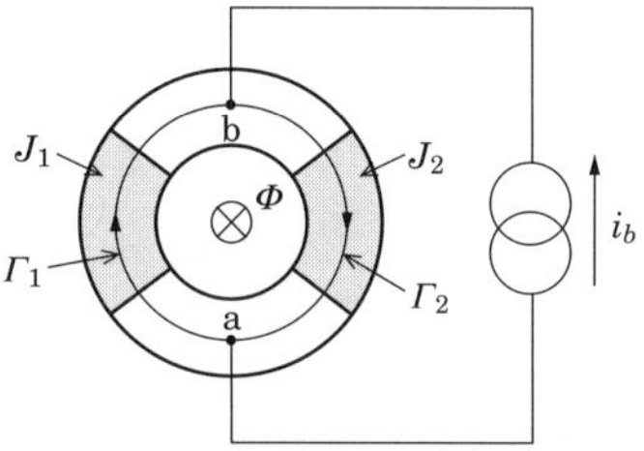

図1.10　dc-SQUID

$$\gamma_1 = \theta(\mathrm{b}) - \theta(\mathrm{a}) + \frac{2e}{\hbar}\int_{\Gamma_1} \boldsymbol{A}\cdot d\boldsymbol{s} \tag{1.6}$$

次に，経路Γ_2に沿った「ゲージ不変な位相差γ_2」を考える．そのためにまず，経路Γ_2の始点の点bでのオーダパラメータ$\boldsymbol{\Psi}$の位相はθ(b)である．この点bを出発し，今度は経路Γ_2に沿ってのベクトルポテンシャル$\boldsymbol{A}$の線積分を求め，点aに戻る．この終点aで再びオーダパラメータ$\boldsymbol{\Psi}$の位相を求める．最初，点aでオーダパラメータ$\boldsymbol{\Psi}$(a)に対して，位相θ(a)を考えたのであるが，こうしてループを1周したのちに，再び同じオーダパラメータ$\boldsymbol{\Psi}$に対応させる位相θ'(a)はθ(a)と$2N\pi$だけずれてもよい（ただし，Nは整数）．経路Γ_2に沿っての「（ゲージ不変な）位相差γ_2」は

$$\gamma_2 = \theta'(\mathrm{a}) - \theta(\mathrm{b}) + \frac{2e}{\hbar}\int_{\Gamma_2} \boldsymbol{A}\cdot d\boldsymbol{s} \tag{1.7}$$

と定義される．ここで，$\theta'(\mathrm{a}) = \theta(\mathrm{a}) + 2N\pi$である．閉ループ（$\Gamma_1 + \Gamma_2$）に沿っての電磁界のベクトルポテンシャル$\boldsymbol{A}$の線積分は，閉ループ（$\Gamma_1 + \Gamma_2$）に鎖交する磁束$\boldsymbol{\Phi}$である．よって，$\gamma_1$と$\gamma_2$の和は次のようにループの鎖交磁束$\boldsymbol{\Phi}$を使って

$$\gamma_1+\gamma_2=2N\pi+\frac{2e}{\hbar}\int_{\Gamma_1}\mathbf{A}\cdot d\boldsymbol{s}+\frac{2e}{\hbar}\int_{\Gamma_2}\mathbf{A}\cdot d\boldsymbol{s}$$
$$=2N\pi+\frac{2e}{\hbar}\Phi$$
$$=2N\pi+\frac{2\pi}{\Phi_0}\Phi \tag{1.8}$$

と書くことができる．Φ_0は磁束量子である．接合J_1を下向きに点bから点aに流れる超伝導電流は

$$i_1=i_c\sin\gamma_1 \tag{1.9}$$

接合J_2を上向きに点aから点bに流れる超伝導電流は

$$i_2=i_c\sin\gamma_2 \tag{1.10}$$

と，それぞれ経路Γ_1，経路をΓ_2に沿って定義したγ_1とγ_2を使って表すことができる．

バイアス電流i_bは点bでの電流の保存則$i_b-i_1+i_2=0$から

$$i_b=i_1-i_2$$
$$=i_c\sin\gamma_1-i_c\sin\gamma_2$$
$$=2i_c\sin\frac{\gamma_1-\gamma_2}{2}\cos\frac{\gamma_1+\gamma_2}{2} \tag{1.11}$$

となり，以下i_bの絶対値で考えることにすると

$$|i_b|=2i_c\left|\sin\frac{\gamma_1-\gamma_2}{2}\cos\frac{\gamma_1+\gamma_2}{2}\right|$$
$$=2i_c\left|\sin\frac{\gamma_1-\gamma_2}{2}\right|\left|\cos\left(\frac{\pi}{\Phi_0}\Phi\right)\right| \tag{1.12}$$

である．途中，ゲージ不変な位相差の和を鎖交磁束Φで置き換えた．ここで，sin関数は-1から$+1$までの値を取りうるので，i_bは$-2i_c|\cos(\pi\Phi/\Phi_0)|$から$2i_c|\cos(\pi\Phi/\Phi_0)|$までの値を取りうる．この$i_b$の取りうる値の範囲は$\Phi$の関数となり，$\Phi_0$を周期として変わる．$N$を整数として，例えば，$\Phi=N\Phi_0$のときは$i_b$は$-2i_c$から$2i_c$の範囲の値を取りうるが，$\Phi$が$N\Phi_0$より少し大きくなると，取りうる値の範囲は狭まり，$\Phi=(N+1/2)\Phi_0$のときは$i_b$は0の値しか取りえないことになる．このように，dc-SQUIDに電位差が現れることなく

流すことができる超伝導電流の最大値は，鎖交する磁束により変わる．逆に，dc-SQUIDに流しうる超伝導電流の大きさから，磁束を測ることができ，dc-SQUIDは磁束計として使うことができる．

第 2 章

超伝導状態の自由エネルギー

超伝導現象を理解するには，その超伝導状態になる試料の「(自由) エネルギー」を考えるとうまくいくことが多い．また，超伝導回路の解析には，その超伝導回路の「エネルギー」を考えるとよい．本章ではまず，その準備段階として，ばねの例，電気回路の例，磁性体の例など，種々の簡単な例から始めて，エネルギーを使った平衡状態の求め方を復習する．定電圧源及び定電流源のポテンシャルエネルギーについても説明する．定電流源のポテンシャルエネルギーは，一定磁界を加えた試料の平衡状態を求めるときにも利用できる．次に，これらの準備をもとに，後半では，超伝導状態の自由エネルギーについて考える．

2.1 簡 単 な 例 [1]

2.1.1 ばねの例

ここでは，最初のわかりやすい例として「つり下げられたばね」の例から始めよう．

(1) 平衡状態

まず，**図 2.1** に示すように，天井からつり下げられたばねを考える．ばね自体の重さは無視できるものとする．ばねの先に重りをつけ，ばねの自然長からの伸び x を求めたいとする．ばねはフックの法則に従うとし，ばねの縮まろうとする力 kx が重りに上向きに加わる．また，重りの質量を m として，この重りの重力mgも下向きに考える．このばねの伸びxを求めるのに，以下の二通りのやり方があろう．

（a） 力のつり合いから求める方法　ばねの先に質量mの重りには下向きに重力mg，ばねの縮まろうとする力kxが上向きに加わり，平衡状態においてはつり合う．つり合いの状態でのばねの伸びをx_0として

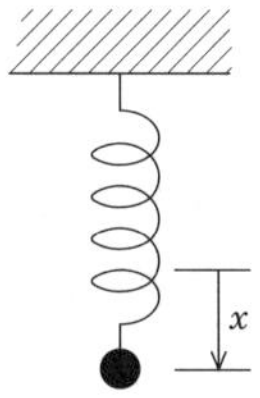

図2.1　天井からばねでつり下げられた質点

$$mg = kx_0 \tag{2.1}$$

であるから，この伸びx_0は$x_0 = mg/k$と力のつり合いから求まる．

（b） エネルギーを考える方法　伸びたばねの持つエネルギーと質点のポテンシャルエネルギー（位置エネルギー）を考える．

質点のポテンシャルエネルギーをばねが自然長であるときの位置を基準にして表す．ばねが伸びた状態で質点の位置hは$h = -x$となり，ポテンシャルエネルギーmghは$-mgx$と表される．ばねのエネルギー$kx^2/2$と重力のポテンシャルエネルギー$-mgx$の和をEとして

$$E = \frac{1}{2}kx^2 + (-mgx) \tag{2.2}$$

をxについて極小にすることから平衡状態を求めることができる．すなわち

$$\frac{dE}{dx} = kx - mg \tag{2.3}$$

で$dE/dx = 0$と置くことにより，最初の場合と同じ答えが得られる．

（2） エネルギーの保存

初期状態でばねの伸びはないとし，ばねの伸びはない状態で重りをつけるとする．もし系が完全に無損失であれば，その後ばねは$x = 0$と$x = 2x_0$の間で振動し続けると考えられる．

実際には，微少なりとも，損失（重りと空気との摩擦，ばねでの熱の発生など）があるので系のエネルギーの一部は熱に変換し，振動の振幅は徐々に小さくなっていく．この場合，最終的に重りの静止する平衡状態での位置は$x = x_0$である．初期状態に比べて最終の平衡状態は，重りのポテンシャルエネル

ギーがmgx_0だけ減り，ばねのエネルギーは$kx_0^2/2$（$= mgx_0/2$）だけ増加しているので，この差$mgx_0/2$は熱エネルギーなどとして失われたと考えられる．

2.1.2 定電圧源のポテンシャルエネルギー

（1） 定電圧源のポテンシャルエネルギー

これまでの重りをつけてぶら下げたばねの例では，重力のポテンシャルエネルギーを考えた．これと同様に，電気回路においても，定電圧源若しくは定電流源を使う場合，それぞれ定電圧源のポテンシャルエネルギー，定電流源のポテンシャルエネルギーを考えることができる．まず，定電圧源のポテンシャルエネルギーについて考察する．

図2.2のように，静電容量C_sのコンデンサ（以下，単にコンデンサC_sと呼ぶ）に電圧値v_0の定電圧源をつなぐことを考える．スイッチSを閉にした後の平衡状態を求めよう．

（a） キルヒホッフの電圧則を使った解析　キルヒホッフの電圧則を使えば，平衡状態でのコンデンサC_sの電荷Q（上側の電極に電荷$+Q$，下側の電極に電荷$-Q$）は，コンデンサC_sの電圧が電源の電圧に等しいということより求まる．スイッチSを入れた後の平衡状態でのコンデンサC_sの電荷Q_sは

$$Q_s = C_s v_0 \qquad (2.4)$$

と求まる．

（b） エネルギーを使った解析　次に，エネルギーを使った解析を試みる．この場合も，ばねの例と同じように系の平衡状態を求めるのに，定電圧源のポテンシャルエネルギー$U_r = -v_0 Q_s$を考えることができる．コンデンサC_sの蓄える電気的エネルギーU_CとこのU_rとの和$E(= U_C + U_r)$の極

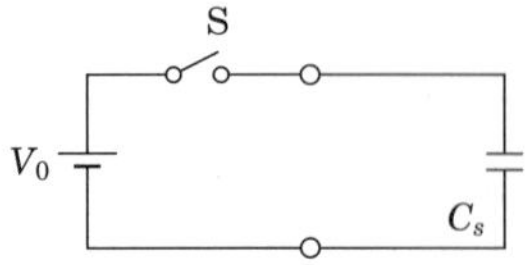

（a）定電圧源をつないだコンデンサC_s（静電容量C_s）

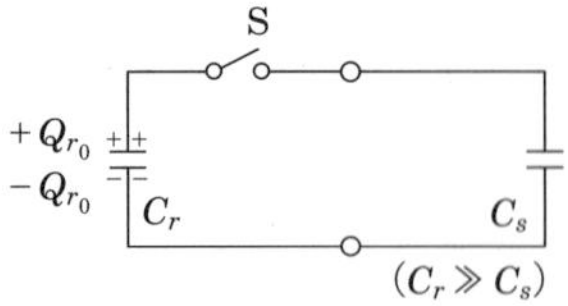

（b）「$C_r \gg C_s$を満たす静電容量C_rを持つ大容量コンデンサ」で定電圧源を置き換えて得た(a)の等価回路．図(b)ではスイッチは開で，静電容量C_sは完全に放電している）

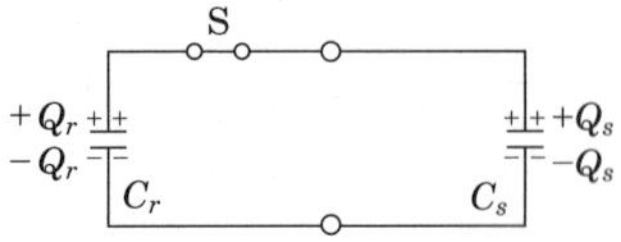

（c）等価回路でスイッチSを閉にして，Q_sの電荷がコンデンサC_rからコンデンサC_sに移動した状況

図2.2　定電圧源の等価回路

小を求める方法が使える．

$$E = U_C + U_r = \frac{{Q_s}^2}{C} - v_0 Q_s \tag{2.5}$$

であるから，和E（$= U_C + U_r$）がQ_sについて極小になる．このことより

$$\frac{dE}{dQ_s} = \frac{Q_s}{C} - v_0 \tag{2.6}$$

で$dE/dQ_s = 0$と置いて，「平衡状態でのコンデンサC_sの電荷Q_sは$Q_s = Cv_0$」と電圧則を使った場合と同じ答えが得られる．

（2） 定電圧源の等価回路

図2.2 (b)，(c) に示すように，コンデンサに定電圧源をつないだ回路では，定電圧源を「とても大きな静電容量C_r（$C_r \gg C_s$）を持ち，電圧v_0まで充電されたコンデンサC_r」に置き換えることができる．このコンデンサC_rに充電された電荷をQ_rと置く．まず，電圧則は考えず，電荷の保存法則

$$Q_s + Q_r = 一定 = Q_{r0} \tag{2.7}$$

のもとで静電エネルギーの和Uを極小にする．

$$U = U_C + U_r = \frac{{Q_s}^2}{2C_s} + \frac{{Q_r}^2}{2C_r} = \frac{{Q_s}^2}{2C_s} + \frac{(Q_{r0} - Q_s)^2}{2C_r} \tag{2.8}$$

このUについて$0 = dU/dQ_s = Q_s/C_s + (Q_s - Q_{r0})/C_r$より

$$\left(\frac{1}{C_s} + \frac{1}{C_r}\right) Q_s = \frac{Q_{r0}}{C_r} (= v_0) \tag{2.9}$$

よって

$$\frac{Q_s}{v_0} = \frac{C_s}{1 + \dfrac{C_s}{C_r}} \tag{2.10}$$

を得る．ここで，$C_r \gg C_s$より$Q_s/v_0 = C_s$とみなせて$Q_s = C_s v_0$を得る．エネルギーの原点の取り方は定数だけ任意性のあることを思い出し

$$U_r=\frac{(Q_{r0}-Q_s)^2}{2C_r}\left(=\frac{Q_r{}^2}{2C_r}\right) \tag{2.11}$$

を $-Q_{r0}{}^2/(2C_r)$ だけずらすと

$$\begin{aligned}U_r&=\frac{(Q_{r0}-Q_s)^2}{2C_r}-\frac{Q_{r0}{}^2}{2C_r}\\&=-\frac{Q_{r0}Q_s}{C_r}+\frac{Q_s{}^2}{2C_r}\\&=-\frac{Q_{r0}Q_s}{C_r}\left(1-\frac{Q_s}{2Q_{r0}}\right)\end{aligned} \tag{2.12}$$

となる．これは，等価コンデンサが電荷を Q_{r0} 蓄えている状態をポテンシャルエネルギーの基準にしたことになる．等価コンデンサの容量 C_r を $C_r \gg C_s$ と選ぶことにより，C_r の蓄える電荷は C_s の蓄える電荷より十分大きく，Q_s が

$$-Q_{r0} \ll Q_s \ll Q_{r0} \tag{2.13}$$

を満たす範囲で等価回路を考えるので，式（2.12）の $\{1-Q_s/(2Q_{r0})\}$ は1と近似でき

$$\begin{aligned}U_r&\cong-\frac{Q_{r0}}{C_r}Q_s\\&=-v_0Q_s\end{aligned} \tag{2.14}$$

となる．こうして，定電圧源のポテンシャルエネルギーは，この定電圧源と等価なコンデンサの静電エネルギーと対応づけられることが分かった．

（3） エネルギーの保存

最初にコンデンサ C_s は完全に放電していて $Q_s=0$ であり，$t=0$ にスイッチSを閉にすることにより，コンデンサ C_s を充電すると考えるならば，この最初の状態と比べて，スイッチSを閉にした後の平衡状態では，定電圧源のポテンシャルエネルギーの減少分が v_0Q_s すなわち $Cv_0{}^2$ である．一方で，コンデンサ C_s の電気エネルギーの増加分は $Cv_0{}^2/2$ であるから，その差 $Cv_0{}^2/2$ は，導線の抵抗などで熱エネルギーに変換したと考えればよい．

2.1.3 定電流源のポテンシャルエネルギー

（1） 定電流源のポテンシャルエネルギー

コンデンサでは「充電」，「放電」というのに対応して，インダクタに流す

電流を増やしてインダクタの鎖交磁束を増加させることを「充磁」，逆に，インダクタに流す電流を減らしてインダクタの鎖交磁束を減少させることを「放磁」と呼ぶことにする．**図2.3** (a) のようにインダクタLを考え，左から右へ電流が流れている場合（インダクタがもしソレノイドコイルの形なら，それを図(b) のように1ターンのコイルに変形してみると分かりやすい），右ねじの法則からインダクタの下側を紙面の手前から奥へ，インダクタの上側を紙面の奥から手前の向きで磁束があることになる．

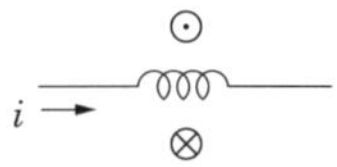

（a）インダクタの鎖交磁束の略記の仕方

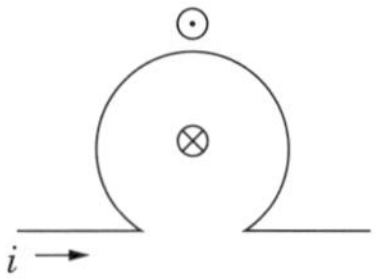

（b）1ターンのコイルの鎖交磁束

図2.3　インダクタの鎖交磁束

自己インダクタンスL_sのインダクタ（以下，インダクタL_sと呼ぶ）を考え，その電流をi_sとする．このインダクタL_sの鎖交磁束Φ_sは

$$\Phi_s = L_s i_s \tag{2.15}$$

であり，インダクタに蓄えられた磁気エネルギーは

$$\frac{{\Phi_s}^2}{2L_s} = \frac{1}{2} L_s {i_s}^2 \tag{2.16}$$

である．

（a）キルヒホッフの電流則を使った解析

図2.4 (a) のように，このインダクタL_sに電流値i_0の定電流源をつなぐ場合を考える．スイッチSを開とした後の平衡状態でのインダクタL_sの鎖交磁束を求める．

まず，キルヒホッフの電流則を使って考えよう．インダクタL_sの鎖交磁束がΦ_sのとき，L_sを流れる電流i_sは$i_s = \Phi_s / L_s$と表せるので，電流則の$i_s = i_0$より，「平衡状態でのインダクタL_sの鎖交磁束は$\Phi_s = L_s i_0$」と求まる．

（b）エネルギーを使った解析　次に，エネルギーを使って考える．定電圧源の場合と同

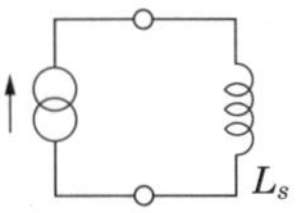

（a）定電流源をつないだインダクタL_s

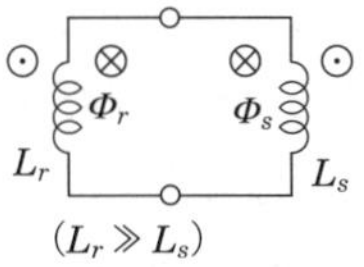

（b）「$L_r \gg L_s$を満たす大きなインダクタンスL_rを持つインダクタ」で定電流源を置き換えて得た図(a)の等価回路図

図2.4　定電流源の等価回路（スイッチなしの回路）

様に，定電流源のポテンシャルエネルギーを考えることができる．この定電流源のポテンシャルエネルギーは $-i_0\Phi_s$ と表される．よって，考えている系の総エネルギー E はインダクタに蓄えられた磁気エネルギーと定電流源のポテンシャルエネルギーの和であり

$$E = \frac{{\Phi_s}^2}{2L_s} - i_0\Phi_s \tag{2.17}$$

となる．この E を Φ_s について極小にする条件から

$$\frac{dE}{d\Phi_s} = \frac{\Phi_s}{L_s} - i_0 \tag{2.18}$$

で $dE/d\Phi_s = 0$ と置くことより，電流則を使った（a）項の場合と同じく「平衡状態でのインダクタ L_s の鎖交磁束は $\Phi_s = L_s i_0$」と求まる．

（2） 定電流源の等価回路

このような回路において，図2.4（b）に示すように定電流源を非常に大きな自己インダクタンス L_r を持つインダクタ（以下，インダクタ L_r と呼ぶ）で置き換えることができる．インダクタ L_r の自己インダクタンス L_r は L_s に比べて十分大きく（$L_r \gg L_s$），電流が i_0 になるまで充磁されているものとする．

ここで，ループ内の磁束の保存則について説明する．インダクタ L_r とインダクタ L_s は超伝導体でできているとして，超伝導体の十分内部を通って，「インダクタ L_r，インダクタ L_s からなる超伝導ループ」を1周する経路 C を取る．超伝導電流は超伝導体表面近くを流れるので，この経路 C に沿っては超伝導電流は流れておらず，経路 C に沿って電界 $\boldsymbol{E}$ も $\boldsymbol{E} = \boldsymbol{0}$ と考えてよい．マクスウェルの方程式から，経路 C に鎖交する磁束の時間微分は，経路 C に沿っての電界の線積分に等しいので，この場合，経路 C に鎖交する磁束は時間的に変化せず，保存するのである．

電流則は考えず，この鎖交磁束の保存法則

$$\Phi_s + \Phi_r = 一定 = \Phi_{r0} \tag{2.19}$$

のもとで磁気エネルギーの和 U を極小にする．インダクタ L_r の磁気エネルギー U_r とインダクタ L_s の磁気エネルギー U_s をそれぞれ Φ_s を変数にして表し，和 U を Φ_s について極小にする．

$$U=\frac{\Phi_s{}^2}{2L_s}+\frac{\Phi_r{}^2}{2L_r}$$

$$=\frac{\Phi_s{}^2}{2L_s}+\frac{(\Phi_{r0}-\Phi_s)^2}{2L_r} \tag{2.20}$$

と表されるから

$$0=\frac{dU}{d\Phi_s}=\frac{\Phi_s}{L_s}+\frac{\Phi_s-\Phi_{r0}}{L_r} \tag{2.21}$$

より

$$\left(\frac{1}{L_s}+\frac{1}{L_r}\right)\Phi_s=\frac{\Phi_{r0}}{L_r}\ (=i_0) \tag{2.22}$$

変形して

$$\frac{\Phi_s}{i_0}=\frac{L_s}{1+\dfrac{L_s}{L_r}} \tag{2.23}$$

ここで，$L_r \gg L_s$より

$$\frac{\Phi_s}{i_0}=L_s \tag{2.24}$$

と，これまでと同じΦ_sの値を得る．

エネルギーの原点の取り方は定数だけ任意性のあることを思い出してほしい．充磁操作の前の時点を基準とし，その時点での定電流源のポテンシャルエネルギーを0と置くことができる．これは，$U_r=(\Phi_{r0}-\Phi_s)^2/(2L_r)\ (=\Phi_r{}^2/(2L_r))$ を$-\Phi_{r0}{}^2/(2L_r)$ だけずらすことになり

$$U_r=\frac{(\Phi_{r0}-\Phi_s)^2}{2L_r}-\frac{\Phi_{r0}{}^2}{2L_r} \tag{2.25}$$

と置き直したことになる．このU_rに対して

$$U_r=-\frac{\Phi_{r0}\Phi_s}{2L_r}+\frac{\Phi_s{}^2}{2L_r}$$

$$=-\frac{\Phi_{r0}\Phi_s}{L_r}\left(1-\frac{\Phi_s}{2\Phi_{r0}}\right) \tag{2.26}$$

等価インダクタンスのL_rは$L_r \gg L_s$を満たしていて，L_sの鎖交磁束Φ_sがL_r

の鎖交磁束と比べると十分小さく，$-\Phi_{r_0} \ll \Phi_s \ll \Phi_{r_0}$を満たす範囲で等価回路を扱うから，$\{1-\Phi_s/(2\Phi_{r_0})\}$は1と近似でき

$$
\begin{aligned}
U_r &\cong -\frac{\Phi_{r_0}}{L_r}\Phi_s \\
&= -i_0\Phi_s
\end{aligned}
\tag{2.27}
$$

となる．このようにΦ_sの大きさがΦ_{r_0}に比べて十分に小さい範囲で，定電流源のポテンシャルエネルギーは，この定電流源と等価なインダクタL_rの磁気エネルギーと対応づけられることが分かった．このΦ_sの大きさがΦ_{r_0}に比べて十分に小さいという条件は，最初に負荷のインダクタンスよりも非常に大きな自己インダクタンスを持つインダクタL_rで定電流源を置き換えているので，満たされている．また，特にこの等価回路において，インダクタL_sを充磁する前にインダクタL_rを流れていた電流をi_{r_0}とし，充磁した後にL_rを流れる電流i_{r_1}と置く．これらの差$i_{r_0}-i_{r_1}$とi_{r_0}との比$(i_{r_0}-i_{r_1})/i_{r_0}$は1に比べて十分小さい．このような状況で，インダクタンスのたいへん大きなインダクタL_rは定電流源として働くことになる．

（3） エネルギーの保存

図2.5に示す回路で，最初にインダクタL_sは完全に放磁していて$\Phi_s=0$であり，$t=0$にスイッチSを開にすることにより，インダクタL_sを充磁すると考えるならば，この最初の状態と比べて，スイッチSを開にした後の定常状態では，定電流源のポテンシャルエネルギーの減少分が$L_s i_0^2$で，インダクタL_sの磁気エネルギーの増加分は$L_s i_0^2/2$

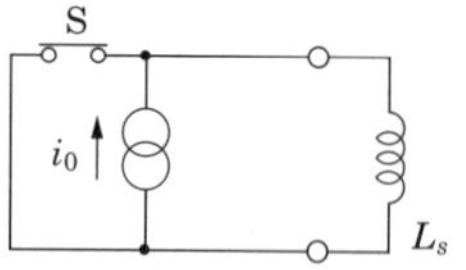

（a） 定電流源をつないだインダクタL_s（最初，電流源の電流i_0はすべてスイッチSを流れているとする）

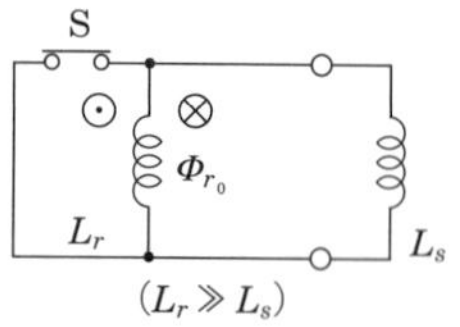

（b） インダクタL_r（ただし$L_r \gg L_s$）で定電流源を置き換えて得た図(a)の等価回路．図(b)ではスイッチSは閉で，インダクタL_sは完全に放磁している）

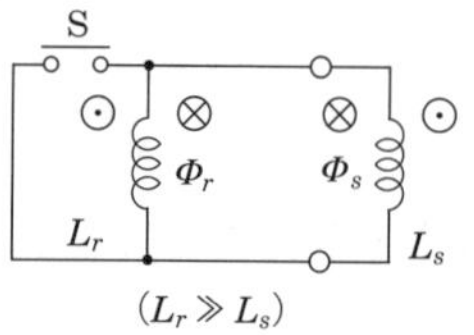

（c） 等価回路でスイッチSを開にして，Φ_sの磁束がインダクタL_rからインダクタL_sに移動した状況

図2.5 定電流源の等価回路（スイッチありの回路）

であるから，その差$L_s i_0^2/2$は，（図には明示していない）「インダクタと並列にある抵抗分」などで熱エネルギーに変換したと考えればよい．

電流源はよく電圧源と大きな抵抗値の抵抗の直列回路で置き換えることがある．この抵抗は電気エネルギーを他の熱エネルギーに変換するので，エネルギー保存則の適用に注意が必要である．電気回路のエネルギーを使った解析には，電源の等価回路自体にこのような抵抗成分はないほうがよい．エネルギーを使った解析には電流源の等価回路として，ここで述べたインダクタを使った回路のほうが向いているといえる．

2.2　超伝導状態の自由エネルギー

2.2.1　インダクタの磁気エネルギー

この項では超伝導体の性質を「超伝導体の持つエネルギー」という面からながめることにする．すなわち，ある条件下で（例えば低温で，あまり磁界の大きくないところに置かれたという条件のもとで）超伝導を示す物質があるとき，それが超伝導状態になるのは「超伝導状態のほうがそうでない状態（常伝導の状態）よりもエネルギー的に安定だから」というふうに考えるということである．

こうして超伝導体の「自由エネルギー」というものを考えるとき，まず磁界を印加するソレノイドコイル自体の蓄える磁気エネルギーについて考察する．後に，2.2.2項と2.2.3項では，ソレノイドコイル内にそれぞれ，磁性体試料若しくは超伝導体試料を入れて，磁界印加時の「磁性体のエネルギー」と「超伝導体のエネルギー」を考察することにする．

図2.6に示すような「真空中にある非常に細長いソレノイドコイル（長さh，円形の断面の断面積S)」を考える．このソレノイドコイルには導線が全部でNターン巻いてあるとする．細長く理想的なソレノイドコイルではコイルの外側の磁界は無視できるほど小さく，内側にのみ一様な磁界が生じると考えてよい．「コイルの導線を囲む閉ループCについての磁界の強さ$\boldsymbol{H}$の周回積分は閉ルー

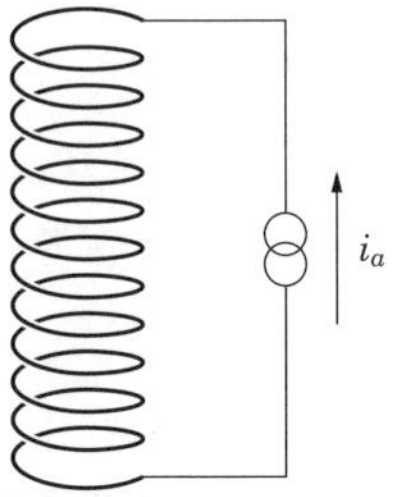

図2.6　電流源につながれたソレノイドコイル

プCと鎖交する電流に等しい」から，内側の磁界の強さ（の大きさ）H_aは

$$H_a = \frac{N}{h} i_a \tag{2.28}$$

とコイルを流れる電流i_aに比例する．単位長さ当たりのターン数N/hがその比例定数である．

このソレノイドコイルに流す電流の大きさが最初0で，時刻$t = 0$からは徐々に時間とともに直線的に増加していって，$t = t_1$で電流値がi_fになり$t \geqq t_1$では電流値はi_f一定であるとする．このような場合，コイルに電流を供給する電流源のなす仕事Wは，このソレノイドコイルに蓄えられる磁気エネルギーに等しいと考えてよい．ここで，コイルの鎖交磁束Φはコイルの断面積Sと磁束密度の大きさB，ターン数Nとの積で

$$\Phi = NSB = \frac{N}{h} VB \tag{2.29}$$

となり，ソレノイドコイルの（端子）電圧$v = d\Phi/dt$を使い，$vdt = d\Phi = NSdB$と書けることに注意して

$$\begin{aligned} W &= \int_0^{t_2} ivdt \\ &= \int_0^{B_f} \left(\frac{hH}{N}\right) NSdB \\ &= V\int_0^{B_f} HdB \\ &= \frac{VB_f^2}{2\mu_0} \end{aligned} \tag{2.30}$$

と求まる．B_fをBに戻せば，$W = VB^2/(2\mu_0)$である．ただし，ここでμ_0は真空の透磁率である．ソレノイドコイルの蓄える磁気エネルギーEはこのWに等しく，$E = VB^2/(2\mu_0)$と求まる．

次に，定電流源により，このソレノイドコイルに一定電流を流しているときの平衡状態を，エネルギーを使った解析により求める．この状況は，「定電流源をつないだインダクタ」である．電流値がi_aと一定である電流源のポテンシャルエネルギーは$U = -i_a\Phi$である．ここで，Φはソレノイドコイルの鎖交磁束である．このUとソレノイドコイルの磁気エネルギーEとの和をF

と置き，この

$$F = U + E$$
$$= -i_a \Phi + \frac{\Phi^2}{2L} \tag{2.31}$$

をΦについて極小にすればよい．$0 = dF/d\Phi = -i_a + \Phi/L$より，$\Phi = Li_a$が$F$極小のときの$\Phi$の値で，このとき$F$は極小値$-Li_a{}^2/2$を取る．

式（2.29）が示すように鎖交磁束Φはコイル中の磁束密度の大きさBに比例しているので，Fの独立変数をΦからBにし，FをBについて極小にすると考えることもできる．すなわち，このとき，電流源のポテンシャルエネルギーは，式（2.28）も使い

$$U = -i_a\Phi$$
$$= -VH_aB \tag{2.32}$$

となり，また，ソレノイドコイルの持つ磁気エネルギーEは

$$E = \frac{VB^2}{2\mu_0} \tag{2.33}$$

と書き換えられるから

$$F = V\left\{\frac{B^2}{2\mu_0} - H_aB\right\} \tag{2.34}$$

と書き表すことができる．Fが変数Bについて極小となる条件は

$$0 = \frac{dF}{dB} = V\left\{\frac{B}{\mu_0} - H_a\right\} \tag{2.35}$$

より，$B = \mu_0 H_a$と求まる．このときの極小値は$F = -VH_a{}^2/(2\mu_0)$である．

2.2.2　磁性体の自由エネルギー

細長い円柱形をしている磁性体を次に考えよう．この磁性体を，**図2.7**のように磁界の向きに円柱の軸が平行になるようソレノイドコイルの中に置き，一定の磁界を加えるという例を考える．この例も，これまでと同じように考察できる．磁性体が細長い針状で磁界の向きに平行に置くのであるから，

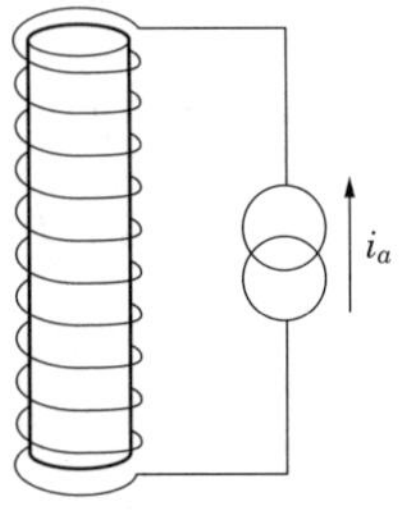

図2.7　電流源につながれたソレノイドコイルと磁性体

反磁界の効果は無視できるとする．これまでの例と同じようにソレノイドコイルの中に磁性体を置き，コイルに電流を流すと，磁性体内部の磁束密度$\boldsymbol{B}$はつじつまの合うように決まると考えられる．どのように［つじつまの合うように決まるのか］，以下に考察する．

磁性体の長さはソレノイドコイルの長さと等しいとしてhと置く．ソレノイドコイルは十分細長いものとし，端の効果は無視する．

まず，磁性体のヘルムホルツの自由エネルギー$\boldsymbol{F}$を求める．ここでは，この自由エネルギー$\boldsymbol{F}$に磁性体の占める体積の真空のエネルギーも含めることにする．ソレノイドコイルに電流iを流す電流源は，最初その電流の大きさが0で，$t = 0$から徐々に時間に対して直線的に増加していき，$t = t_0$で電流値が目標値i_aになる．$t \geqq t_0$では電流値はi_a一定であるとする．この電流iに比例して$H = (N/h)i$と磁性体に加わる磁界の強さも0から徐々に増加していって，$t = t_0$でH_aになり，$t \geqq t_0$ではH_a一定であるとする．

磁性体としては磁化の強さ$\boldsymbol{M}$が外部磁界$\boldsymbol{H}$に比例するものに限るとし，磁性体中で，$\boldsymbol{M} = \chi\boldsymbol{H}$（$\chi$：磁化率）であり，磁束密度$\boldsymbol{B}$は$\boldsymbol{B} = \mu_0(\boldsymbol{H} + \boldsymbol{M}) = \mu\boldsymbol{H}$である．ただし，$\mu$は透磁率で$\mu = \mu_0(1 + \chi)$と表せる．

理想的にコイルと磁性体の間のすき間は非常に狭く，磁性体の断面積はソレノイドコイルの断面積に等しいとみなせて，それをSと置く．ソレノイドコイルの鎖交磁束$\boldsymbol{\Phi}$は磁束密度$\boldsymbol{B}$の大きさBを使い$\boldsymbol{\Phi} = NSB = NS\mu H$，よってソレノイドコイルの両端の端子電圧$v$は$v = d\boldsymbol{\Phi}/dt = NSdB/dt$である．磁性体の体積$V$は$V = hS$で，積$iv$は$iv = hSHdB/dt = VHdB/dt$となるので，電流源が磁性体になす仕事$W$は

$$W = \int_0^{t_1} iv dt = V\int_0^{B_f} HdB = \frac{VB_f^2}{2\mu} \qquad (2.36)$$

ここで，B_fは$t \geqq t_0$での磁束密度であり，このB_fを単にBと書けば，$W = VB^2/(2\mu)$である．これまでのいくつかの例から分かるように，このとき電流源がなした仕事Wは磁性体の自由エネルギー$\boldsymbol{F}$の増加分に等しい．ゆえに，

磁性体のヘルムホルツの自由エネルギー（VF_1と置く）は，$B=0$の場合より単位体積当たり$B^2/(2\mu)$だけ増加する．

$$VF_1 = V\left(F_0 + \frac{B^2}{2\mu}\right) \tag{2.37}$$

ここで，F_0は$B=0$のときの自由エネルギーF_1の値である．

次に，一定磁界を加えるという条件のもとでの磁性体の平衡状態を求める．電流源が一定電流i_aを流し，ソレノイドコイルで一定磁界を磁性体に加えるという条件のもとでの平衡状態は，上に述べたヘルムホルツの自由エネルギーF_1に（一定磁界をつくり出している）電流源のポテンシャルエネルギーを加えたものを極小にすることにより求まる．電流源のポテンシャルエネルギーUは，式（2.32）で与えられる．

よって，平衡状態はVF_1と$-VH_aB$の和である$VF_2 = VF_1 - VH_aB = V(F_1 - H_aB)$を極小にする条件から求まる．以下，単位体積当たりのエネルギーについて考えていくことにする．

$$\begin{aligned} F_2 &= F_1 - H_aB \\ &= F_0 + \frac{B^2}{2\mu} - H_aB \\ &= F_0 + \frac{(B-\mu H_a)^2}{2\mu} - \frac{\mu H_a^2}{2} \end{aligned} \tag{2.38}$$

と変形できるので，このF_2は$B=H_a/\mu$のとき，極小値$F_0 - \mu H_a{}^2/2$を取る．

この自由エネルギーFの極小値自体は印加磁界H_aの関数となっている．この極小値を

$$G(H_a) = F_0 - \frac{\mu H_a{}^2}{2} \tag{2.39}$$

と置く．この関数はギブズの自由エネルギーといわれるものであり，$G(0) = F_0$であるから

$$G(H_a) = G(0) - \frac{\mu H_a{}^2}{2} \tag{2.40}$$

と書くこともできる．以下，温度は一定の状況を考えることにする．

試料が常伝導状態を示しているときは，多くの場合十分によい近似で常伝

導状態は「磁化率$\chi=0$の磁性体である」としてよい．$\mu=\mu_0(1+\chi)$ より$\chi=0$なら試料の透磁率μはμ_0に等しいことになる．この常伝導状態に対しては，Nを下付きの添え字とする．常伝導状態のヘルムホルツの自由エネルギーFとギブズの自由エネルギーGは

$$F_N(B)=F_{N_0}+\frac{B^2}{2\mu_0} \tag{2.41}$$

$$G_N(H_a)=G_N(0)-\frac{\mu_0 H_a{}^2}{2} \tag{2.42}$$

と表すことができる．

2.2.3 超伝導状態の自由エネルギー

（中の詰まった）円筒形の超伝導状態にある試料は，「磁化率χが-1にきわめて近い磁性体」とみなせる．ただし，これまでの議論で$\chi=-1$が特異な点になっていることに注意されたい．ここでは，大まかに超伝導体の中では$\boldsymbol{B}=\boldsymbol{0}$であるとしているので，超伝導状態に対するヘルムホルツの自由エネルギーFは$\boldsymbol{B}=\boldsymbol{0}$での値$F_0$のみ考える．また，超伝導状態に対するギブズの自由エネルギーは，$G(H_a)=G(0)-\mu H_a{}^2/2$の式で，$\chi\to-1$，言い換えると$\mu$が正の範囲で$\mu\to0$の極限を考えるとよい．この極限では，$-\mu H_a{}^2/2$の項を無視でき，$G(H_a)$ は変数H_aに依存しないことになる．超伝導状態に対しては添え字sで表すことにする．超伝導状態に対するギブズの自由エネルギーは

$$G_s(H_a)=G_s(0) \tag{2.43}$$

で，H_aによらない一定値を取る．

ある材料が低温で超伝導状態を示す場合は，印加磁界0での常伝導状態と超伝導状態のギブズの自由エネルギーについて$G_N(0)>G_s(0)$が成り立つ場合と考えられる．磁界0の状態から始めて徐々に磁界H_aを大きくしていくと，超伝導状態のギブズの自由エネルギー$G_s(H_a)$は一定値であるが，常伝導状態のギブズのエネルギー$G_N(H_a)$ はだんだん下がってくるので，ある印加磁界の値で両者の値が一致する．このときのH_aの値を臨界磁界H_cと置く．$G_N(H_c)=G_s(H_c)$ である．H_aの値が臨界磁界H_cを超えると，常伝導状態のギブズの自由エネルギー$G_N(H_a)$ の値は，更に減少していく．$H_a<H_c$で$G_N(H_c)>G_s(H_c)$ であり，$H_a>H_c$で$G_N(H_a)<G_s(H_a)$ であることになる．

一定磁界を試料に与えるという条件のもとでは，ギブズの自由エネルギーの小さな状態（相）が現れると考えると都合が良い．$H_a < H_c$で超伝導状態，$H_a > H_c$で常伝導状態がエネルギー的に安定であることになり，H_aを0から増やしていく場合，臨界磁界H_cにおいて超伝導状態から常伝導状態に相転移することになる．

もし仮に，ある材料について$G_N(0) < G_s(0)$ が成り立つ場合，$G_s(H_a)$ はH_aによらず一定で，$G_N(H_a)$ はH_aが0から大きくなれば更に減少するので，印加磁界によらず，常に$G_N(H_a) < G_s(H_a)$ が成り立つ．この場合，温度によらず常伝導状態のほうがエネルギー的に安定で，超伝導状態にならない材料であると考えられる．

第 3 章

acジョセフソン効果

第1章で概観したように，超伝導体の各点各点にオーダパラメータという複素数を対応させて考えることにより，超伝導のいくつかの現象を説明できる．このオーダパラメータの特に位相に注目し，この位相と電磁界のスカラポテンシャルϕとの関係式について考察する．その関係式は「超伝導体中のある点でオーダパラメータの位相θの時間微分は，その点での電磁界のスカラポテンシャルϕの$2e/\hbar$倍に等しい」というものである．また，ある経路Γに沿っての「ゲージ不変な位相差γ」という量を定義すると，この「ゲージ不変な位相差γ」は同じ経路Γに沿って定義した電位差の$2e/\hbar$倍に等しい．これらはacジョセフソン効果の関係式と呼ばれることがある．

3.1 acジョセフソン効果

3.1.1 基準点からの経路を定めた点での位相

この項では，簡単にオーダパラメータΨの大きさは1とする．このオーダパラメータ$\Psi = e^{i\theta}$により求めた位相θは，一般的に次のような不確定な面を持っている．仮に，超伝導体中にある点でのオーダパラメータΨの値が-1であるとすると，このオーダパラメータの値に対応する位相θはπであるとしてもよいし，3π若しくは$-\pi$と考えてもよい．一般に超伝導体の各点でのオーダパラメータΨの値に対応する位相θは2πの整数倍の不確定さを持つ．

このような位相の値の不確定さを取り除く方法もある．ある超伝導体の中に基準点（点aとする）を取る.「基準点では$\Psi=1$で位相の値は0である」とする．この基準の点aを出発して，超伝導体の中を通り，位相の値を確定したい場所（点bと置く）に至る経路Γ_1を決める．この基準となる点aから始まって，経路Γ_1に沿って場所を少しずつずらしていき，オーダパラメータに対応する位相の値をそれぞれの点で求めていき，最終的に点bに至る．この方法により，点bでの位相の値を2πの整数倍の不確定さを取り除いて一通りに決めることができる.

例えば，**図3.1**は輪になった超伝導体で，この超伝導体のループを1周する間に，オーダパラメータΨの値に対応する複素平面上の軌跡が原点のまわりを2周する場合である．穴に磁束が磁束量子2個分鎖交している場合に相当する．この図において，点aを基準点とする．点aにおいて$\Psi=1$で位相の値は$\theta=0$であるとする．次に，この点aを出発し，経路Γ_1に沿って場所を少しずつずらしながら，各点でΨの値に対応する位相の値を求めていく．経路Γ_1に沿って点bのほうへ少しずつ移動するにつれて，そこでのΨの値は複素平面上で原点のまわりを少しずつ反時計方向に回っていくので，対応する位相θの値も0より増加していく．途中$\Psi=i$では，$\theta=\pi/2$である．点bにたどり着いたとき，点bでの$\Psi=-1$に対応する位相は，$\theta=\pi$である.

一方で，別の経路Γ_2に沿って場所を少しずつずらしながら対応させることにより，同じ点bでの位相を求めてみる．この場合も$\Psi=1$の出発点の点aに

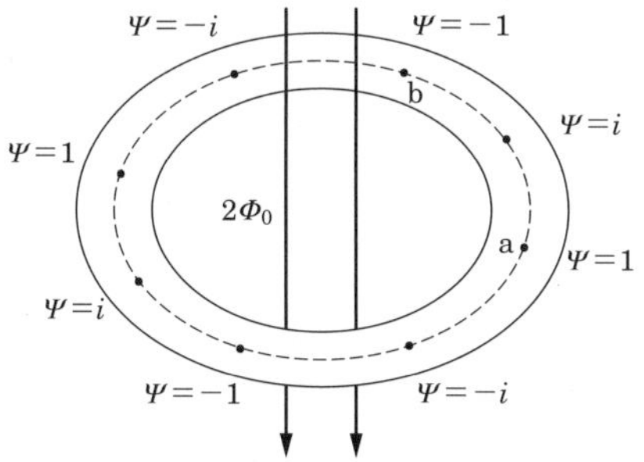

図3.1　超伝導体ループでのオーダパラメータの分布の例（超伝導体ループを1周する間に，オーダパラメータΨの値の点は複素平面上の原点のまわりを2周する．ループに磁束が磁束量子2個分下向きに鎖交している場合に相当する）

おいて，位相の値は$\theta = 0$であると対応させるのは同じである．経路Γ_2に沿って場所を少しずつずらしていくにつれて，対応するΨの値は複素平面上で原点のまわりを時計方向に回っていく．Ψに対応する位相θの値は$\theta = 0$から徐々に減少していく．途中$\Psi = i$では，$\theta = -3\pi/2$である．こうして経路Γ_2に沿って対応を考えていき，点bに至ったとき，点bで$\Psi = -1$に対応する位相は$\theta = -3\pi$である．

このように，超伝導体にいくつか穴があいていて，点aから点bに至る超伝導体中を通る経路Γが穴のどちら側を通るかで二通り以上ある場合，位相の値はこの経路Γの取り方に依存する．この経路Γをいったん決めてしまえば，経路Γに沿って少しずつ場所を移動しながら，オーダパラメータΨから位相θへの対応を取っていくことにより，「基準点の点aから経路Γに沿ってたどり着いた点bでの位相の値」を，2πの整数倍の不確定さなく決めることができる．

3.1.2 位相とスカラポテンシャル

量子力学の基本法則の一つに「量子的状態の変化の角速度の$\hbar$倍はその状態のエネルギーに等しい」というものがある．これは超伝導の場合に当てはめて，式に書くと

$$\hbar\omega = 2eV$$

ということになる．ここで，eは電荷素量であり，電子の電荷は$-e$である．$\hbar$はプランク定数の値hの$1/(2\pi)$倍である．この式の右辺の$2e$は超伝導が電子対によることに対応する．この式を具体的に超伝導の回路に適応する場合，次のような注意がいる．3.2節で説明するように，右辺を電位差としたときは，左辺のωは「ゲージ不変な位相差γ」の変化する角速度と考えればよい．「ゲージ不変な位相差γ」についても3.2節で詳しく述べる．$\hbar\omega = 2eV$の式の右辺を電磁界のスカラポテンシャルϕとしたときは，左辺のωは「位相θ」の変化する角速度と考えてよい．

電気磁気学によれば，超伝導体を含む領域の電磁界について電磁界の電界の強さを$\boldsymbol{E}$，磁束密度を$\boldsymbol{B}$と置くと，この電界の強さ$\boldsymbol{E}$と磁束密度$\boldsymbol{B}$は，電磁界のベクトルポテンシャル$\boldsymbol{A}$とスカラポテンシャルϕを使って

$$\boldsymbol{B} = \nabla \times \boldsymbol{A} \tag{3.1}$$

$$\boldsymbol{E} = -\nabla\phi - \frac{\partial \boldsymbol{A}}{\partial t} \tag{3.2}$$

と表すことができる．ここでは，rot $\boldsymbol{A}$ を $\nabla\times\boldsymbol{A}$，grad ϕ を $\nabla\phi$ と表記した．超伝導体中の各点においての「超伝導体のオーダパラメータの位相 θ と，この電磁界のスカラポテンシャル ϕ の間の関係式」は

$$\frac{\partial\theta}{\partial t} = \frac{2e}{\hbar}\phi \tag{3.3}$$

という方程式が成り立つというものである．すなわち，超伝導体中のある点での位相 θ の時間微分は，その点での電磁界のスカラポテンシャル ϕ の $2\,e/\hbar$ に等しい．

3.1.3　ゲージ変換と位相

次に，この位相のゲージ依存性について簡単に述べておく．前項で述べたように，超伝導体を含む領域の電磁界について，電磁界の強さ $\boldsymbol{E}$，磁束密度 $\boldsymbol{B}$ は，電磁界のベクトルポテンシャル $\boldsymbol{A}$ とスカラポテンシャル ϕ を使って表すことができた．このベクトルポテンシャル $\boldsymbol{A}$ とスカラポテンシャル ϕ は「電磁界のゲージポテンシャル」と呼ばれることもある．考えている領域の各点で，いま仮に

$$\boldsymbol{A} \to \boldsymbol{A}' = \boldsymbol{A} - \nabla\chi \tag{3.4}$$

$$\phi \to \phi' = \phi + \frac{\partial}{\partial t}\chi \tag{3.5}$$

と，ベクトルポテンシャル $\boldsymbol{A}$ とスカラポテンシャル ϕ をそれぞれ，ベクトルポテンシャル $\boldsymbol{A}'$ とスカラポテンシャル ϕ' に置き換える．ただし，ここで χ は「考えている領域の各点で定義された滑らかなスカラ場」とする．この置換えを「ゲージの変換」と呼ぶ．このように変換しても，電界の強さ $\boldsymbol{E}$，磁束密度 $\boldsymbol{B}$ など，直接観測される物理量の値は変わらないことが以下のように分かる．

ベクトルポテンシャル $\boldsymbol{A}$ とスカラポテンシャル ϕ を合わせて，電磁界のゲージポテンシャル（$\boldsymbol{A}, \phi$）と対で表示する．式（3.4），（3.5）のゲージの変換により得られる電磁界のゲージポテンシャル（$\boldsymbol{A}', \phi'$）に対する電界の強さ $\boldsymbol{E}'$，磁束密度 $\boldsymbol{B}'$ は電磁界のゲージポテンシャル（$\boldsymbol{A}, \phi$）に対する電界の強さ

$\boldsymbol{E}$，磁束密度$\boldsymbol{B}$と同じである．実際に，電界の強さ$\boldsymbol{E}$，磁束密度$\boldsymbol{B}$は電磁界のゲージポテンシャル（$\boldsymbol{A}, \phi$）により式（3.1），（3.2）と表される．一方で，電界の強さ$\boldsymbol{E}'$，磁束密度$\boldsymbol{B}'$は電磁界のゲージポテンシャル（$\boldsymbol{A}', \phi'$）により表され

$$\begin{aligned} \boldsymbol{B}' &= \nabla \times \boldsymbol{A}' \\ &= \nabla \times (\boldsymbol{A} - \nabla \chi) \\ &= \nabla \times \boldsymbol{A} \end{aligned} \tag{3.6}$$

$$\begin{aligned} \boldsymbol{E}' &= -\nabla \phi' - \frac{\partial \boldsymbol{A}'}{\partial t} \\ &= -\nabla \left(\phi + \frac{\partial \chi}{\partial t} \right) - \frac{\partial (\boldsymbol{A} - \nabla \chi)}{\partial t} \\ &= -\nabla \phi - \frac{\partial \boldsymbol{A}}{\partial t} \end{aligned} \tag{3.7}$$

と変形できるので，電界の強さ$\boldsymbol{E}'$，磁束密度$\boldsymbol{B}'$は考えている領域の各点各点でそれぞれ，電界の強さ$\boldsymbol{E}$，磁束密度$\boldsymbol{B}$と同じであることが分かる．

超伝導体中の各点のオーダパラメータは

$$\Psi = |\Psi| e^{i\theta} \rightarrow \Psi' = |\Psi| e^{i\left(\theta + \frac{2e}{\hbar}\chi\right)} \tag{3.8}$$

と置き換わり，ゲージ変換によりその値が変わる．「オーダパラメータの値はゲージによる」と表してもよい．このオーダパラメータΨの変換から分かるように，オーダパラメータの位相も超伝導体の各点各点で

$$\theta \rightarrow \theta' = \theta + \frac{2e}{\hbar}\chi \tag{3.9}$$

と置き換わる．超伝導体の各点での位相の値もゲージ変換により変わる．「位相の値もゲージによる」わけである．超伝導体を流れる超伝導電流$\boldsymbol{j}$は，次章でも詳しく述べるが，位相と電磁界のベクトルポテンシャルを使い，αを正の定数として

$$-\alpha \boldsymbol{j} = \nabla \theta + \frac{2e}{\hbar}\boldsymbol{A} \tag{3.10}$$

若しくは，定数を右辺に持ってきて

$$\boldsymbol{j} = \frac{-1}{\alpha}\left(\nabla\theta + \frac{2e}{\hbar}\boldsymbol{A}\right) \tag{3.11}$$

と表される．ゲージ変換後の位相とベクトルポテンシャルを使い，ゲージ変換後の超伝導電流 $\boldsymbol{j}'$ を求めると

$$\begin{aligned}\boldsymbol{j}' &= \frac{-1}{\alpha}\left(\nabla\theta' + \frac{2e}{\hbar}\boldsymbol{A}'\right)\\ &= \frac{-1}{\alpha}\left\{\nabla\left(\theta + \frac{2e}{\hbar}\chi\right) + \frac{2e}{\hbar}(\boldsymbol{A} - \nabla\chi)\right\}\\ &= \frac{-1}{\alpha}\left(\nabla\theta + \frac{2e}{\hbar}\boldsymbol{A}\right) = \boldsymbol{j} \end{aligned} \tag{3.12}$$

となって，ゲージ変換により，$\boldsymbol{j}$の値が変わらないことが分かる．超伝導電流$\boldsymbol{j}$はゲージ不変に表されているわけである．電界の強さ$\boldsymbol{E}$，磁束密度$\boldsymbol{B}$，超伝導電流$\boldsymbol{j}$のように実際に観測される量はゲージ変換によりその値が変わらず，ゲージ変換しても考えている系の物理現象は変わらない．

3.2　ゲージ不変な位相差

3.2.1　超伝導体に沿ってのゲージ不変な位相差

次に，同じ位相という量ながら，オーダパラメータ及びその位相の値を定めるための「ものさし」である「ゲージ」の変換によりその値の変わらない位相として，「ゲージ不変な位相差」と呼ばれる量を導入しよう．

この「ゲージ不変な位相差」を定義するためにも，「位相の2πの不確定性を除く方法」で述べたのと同じように，「基準点」と，「基準点から位相を求めたい点までの経路Γ」を定めることが必要である．超伝導体の中に，まず基準となる点（点a）を決め，固定しておく．基準となる点aでは常にオーダパラメータの位相の値は0と定めてよい．この基準となる点aを出発し，超伝導体の中を通り，「ゲージ不変な位相差」を定義したい点（点b）までの経路をΓとする．この経路は「始点から終点まで超伝導体の中にある場合」と，「経路の途中で超伝導体中の外に出る場合」が考えられる．

まず，この経路Γが「始点から終点まで超伝導体の中にある場合」について考える．経路Γが超伝導体の中にある場合，ゲージ不変な位相差を経路Γ

に沿って

$$\gamma = \int_{\Gamma} \left(\nabla \theta + \frac{2e}{\hbar} \boldsymbol{A} \right) \cdot d\boldsymbol{s} \tag{3.13}$$

で定めることができる．位相の傾きの項を線積分することにより

$$\gamma = \theta(b) - \theta(a) + \frac{2e}{\hbar} \int_{\Gamma} \boldsymbol{A} \cdot d\boldsymbol{s} \tag{3.14}$$

と書くこともできる．ここで，基準点（点a）から経路Γに沿って位相を考

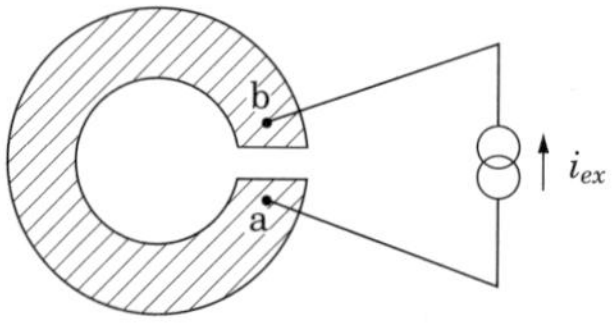

（a） Cの形をした超伝導体

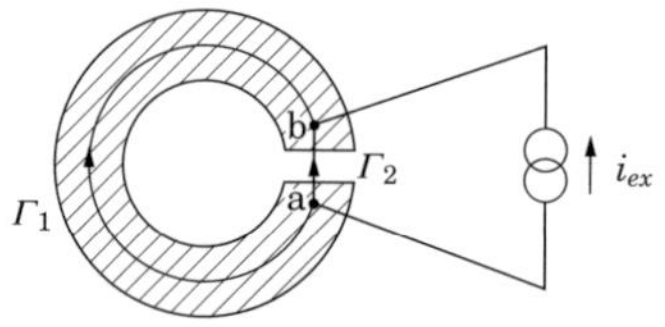

（b） 経路Γ_1と経路Γ_2

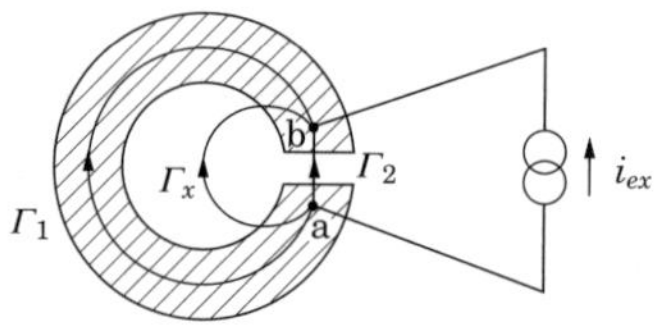

（c） 経路Γ_1，Γ_2と同じ始点と終点を持つ経路Γ_x

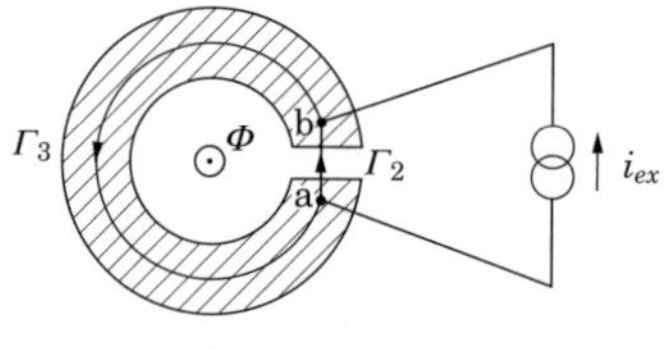

（d） 鎖交磁束$\boldsymbol{\Phi}$

図**3.2**

えていき，点bでの（2πの不確定さを除いた）位相を$\theta(\mathrm{b})$と表している．$\theta(\mathrm{a})$はここで考えている例では0としてよいが，この式をより一般的な形にするため$\theta(\mathrm{a})$と記しておいた．

特に，次章で詳しく述べるように，超伝導体の中ではαを正の定数として$-\alpha \boldsymbol{j} = \nabla\theta + (2e/\hbar)\boldsymbol{A}$が成り立つ．超伝導体に電流が流れている場合，電流は表面からロンドンの侵入長程度の浅いところを流れていると考えてよい．このロンドンの侵入長については次章でも考察する．このCの形の超伝導体は，ロンドンの侵入長と比べて十分に太いとしよう．**図3.2**に示すように，Cの形をした超伝導体を考え，超伝導体の十分内部に経路Γ_1を考える．経路Γ_1に沿っての電流は無視できるくらい小さいから

$$\nabla\theta + \frac{2e}{\hbar}\boldsymbol{A} = 0 \tag{3.15}$$

である．よって，超伝導体の十分内部を通る経路Γ_1に沿っての「ゲージ不変な位相差」γ_1は0である．

3.2.2　超伝導体の外に出る経路に沿ってのゲージ不変な位相差

超伝導体の外に出る経路Γ_2についての「ゲージ不変な位相差」γ_2の例として，前項と同じく，ループの形の超伝導体に1か所ギャップのある図3.2に示すアルファベットの「C」の形をした超伝導体を考える．前項の「始点から終点まで超伝導体の中にある場合」の位相差をもとに，一部が超伝導体の外に出る経路についての「ゲージ不変な位相差」γを定めることができる．ギャップのすぐ下とすぐ上の超伝導体部分にそれぞれ点aと点bを取る．点aから点bまでのギャップで超伝導体の外に出る経路Γ_2を考える．経路の定め方は第1章と異なっているので注意されたい．

この途中，超伝導体の外に出る経路Γ_2についての「ゲージ不変な位相差」γ_2は

$$\gamma(\Gamma_2) = \theta(\mathrm{b}) - \theta(\mathrm{a}) + \frac{2e}{\hbar}\int_{\Gamma_2} \boldsymbol{A}\cdot d\boldsymbol{s} \tag{3.16}$$

と定めればよい．ここで，右辺前半の位相差$\theta(\mathrm{b}) - \theta(\mathrm{a})$は，基準点の点aから始めて，位相を定義したい点bまで，経路Γ_2とは別の「超伝導体の中を通る経路Γ_1」に沿った各点で，オーダパラメータ$\boldsymbol{\Psi}$から位相θへの対応を考

えることにより定義すればよい．更に右辺後半の「経路Γ_2に沿っての電磁界のベクトルポテンシャルの線積分」を加えることにより，経路Γ_2に沿っての「ゲージ不変な位相差」γ_2を定義することができる．

基準点の点aから始めて終点bまで，どのように経路を変えても，超伝導体の中を通り結ぶことができない場合がある．この場合も，途中何回かジョセフソン接合を通ることにより点aから点bまで行けるのであれば，後で述べるように「このジョセフソン接合を流れる電流から逆に接合部でのゲージ不変な位相差を求めることができる」ので，点aから点bまでの「ゲージ不変な位相差」γも定義することができる．この場合は「接合電流から接合までのゲージ不変な位相差への対応」において位相差に2πの整数倍の不確定さが入る．

3.2.3 電圧とゲージ不変な位相差

前項と同じ「C」の形をした超伝導体を考え，やはりこのギャップ部のすぐ下と上の超伝導電極中にそれぞれ点a，点bを取る．この点aと点bでの位相をそれぞれ，θ(a)，θ(b) と置き，同じく電磁界のスカラポテンシャルをϕ(a) とϕ(b) と置く．既に述べた位相の時間変化を点aと点bで考えると

$$\frac{\partial\theta(\mathrm{a})}{\partial t}=\frac{2e}{\hbar}\phi(\mathrm{a}) \tag{3.17}$$

$$\frac{\partial\theta(\mathrm{b})}{\partial t}=\frac{2e}{\hbar}\phi(\mathrm{b}) \tag{3.18}$$

が成り立つ．位相の時間変化は，例えば電流値可変の電流源（その電流値をi_{ex}とする）をつないで，点bから点aへと流す電流の値を変えることにより実現できる（点aを基準点とするのであれば，常にθ(a) = 0でかつϕ(a) = 0と置いてもよいが，式をより一般的な形にするため以下の式の中にθ(a) とϕ(a) を記しておく）．このとき，点aを基準点として，電界の強さ$\boldsymbol{E}$の「点aから点bまでの経路Γに沿っての線積分」から求まる電圧vは

$$v=-\int_{\Gamma}\boldsymbol{E}\cdot d\boldsymbol{s} \tag{3.19}$$

である．電界の強さ$\boldsymbol{E}$を電磁界のゲージポテンシャル$\boldsymbol{A}$とϕを使い表すことにより

$$v=\int_\Gamma\left(\nabla\phi+\frac{\partial \mathbf{A}}{\partial t}\right)\cdot d\boldsymbol{s}$$

$$=\phi(\mathrm{b})-\phi(\mathrm{a})+\frac{\partial}{\partial t}\int_\Gamma \mathbf{A}\cdot d\boldsymbol{s} \qquad (3.20)$$

と書くこともできる（経路Γは時間的に変化しないので，途中，時間微分を積分記号の前に出すことができる）．一方で，点aを基準点として点bまでの経路Γに沿ったゲージ不変な位相差の時間微分について，式（3.16）より

$$\frac{\hbar}{2e}\frac{d\gamma}{dt}=\frac{\hbar}{2e}\frac{\partial}{\partial t}\theta(\mathrm{b})-\frac{\hbar}{2e}\frac{\partial}{\partial t}\theta(\mathrm{a})+\frac{\partial}{\partial t}\int_\Gamma \mathbf{A}\cdot d\boldsymbol{s} \qquad (3.21)$$

となり，式（3.17），（3.18），（3.20）を代入して

$$v=\frac{\hbar}{2e}\frac{d\gamma}{dt} \qquad (3.22)$$

を得る．「点aから点bまでの経路Γに沿ってのゲージ不変な位相差γの時間微分」の$\hbar/(2e)$倍は，「点aから点bまでの経路Γに沿っての電界の強さ$\boldsymbol{E}$の線積分から求めた電圧v」に等しい．この関係式はacジョセフソン効果の（関係）式若しくはジョセフソンの関係式と呼ばれることがある．ここでは，「位相θと電磁界のスカラポテンシャルϕについての式」から「ゲージ不変な位相差γと電圧vについての式」を導いたことになる．

ここで考えている「経路Γに沿っての電圧v」は，一般的に，ある基準点（始点）から，電圧を求めたい点（終点）までの経路Γを定めて初めて決まる量である．言い換えると，始点と終点を動かさなくても，始点と終点を結ぶ経路Γが途中通るところを少し変更すると（例えば，図3.2（c）で経路Γ_2から経路Γ_xへ変更すると），それに応じて電圧vの値が変わる．「ゲージ不変な位相差γ」の式（3.16）においても，始点と終点を動かさなければθ(a)，θ(b）は変わらないが，始点と終点を結ぶ経路Γが変わることにより，この経路Γに沿っての$\boldsymbol{A}$の線積分の値が変わる．よって「ゲージ不変な位相差γ」も，定義に使う経路Γにより同様に変わるのである．

このように，この式（3.22）の両辺は，定義に使う経路Γには依存する量である．しかしながら，電磁界のゲージポテンシャル（$\boldsymbol{A}, \phi$）及びオーダパラメータの位相をしかるべくゲージ変換しても，この経路Γに沿っての電圧

vは，経路Γに沿っての「ゲージ不変な位相差γ」とともに，ゲージ変換では変わらない量であり，ゲージ不変な量であることに注意されたい．

3.2.4　回路理論との無矛盾性

同じ「C」の形をした超伝導体で，点bを出発点にし，経路Γ_1を逆にたどり，点aを終点とする経路Γ_3と置く（図3.2（d））．経路の向きを穴に対して反時計の向きでこうして定めたゲージ不変な位相差について，Γ_3に沿ってのゲージ不変な位相差は

$$\gamma(\Gamma_3)=\theta(\mathrm{a})-\theta(\mathrm{b})+\frac{2e}{\hbar}\int_{\Gamma_3}\boldsymbol{A}\cdot d\boldsymbol{s} \tag{3.23}$$

となるので，$\gamma(\Gamma_2)+\gamma(\Gamma_3)$ を計算すると

$$\gamma(\Gamma_2)+\gamma(\Gamma_3)=\left(\theta(\mathrm{b})-\theta(\mathrm{a})+\frac{2e}{\hbar}\int_{\Gamma_2}\boldsymbol{A}\cdot d\boldsymbol{s}\right)+\left(\theta(\mathrm{a})-\theta(\mathrm{b})+\frac{2e}{\hbar}\int_{\Gamma_3}\boldsymbol{A}\cdot d\boldsymbol{s}\right) \tag{3.24}$$

であり，位相の項は相殺する．経路$\Gamma_2+\Gamma_3$が点aから経路Γ_2に沿って点bへ行き，経路Γ_3に沿って点aに戻るというふうに，1周する閉じたループであるので，ベクトルポテンシャルの線積分の和は，この閉ループに鎖交する磁束，言い換えれば，この1周のみのコイルに鎖交する磁束$\boldsymbol{\Phi}$に等しい．

$$\begin{aligned}\gamma(\Gamma_2)+\gamma(\Gamma_3)&=\frac{2e}{\hbar}\int_{\Gamma_2}\boldsymbol{A}\cdot d\boldsymbol{s}+\frac{2e}{\hbar}\int_{\Gamma_3}\boldsymbol{A}\cdot d\boldsymbol{s}\\&=\frac{2e}{\hbar}\boldsymbol{\Phi}\end{aligned} \tag{3.25}$$

である．ここで既に述べたように，Γ_3は超伝導体の内部の経路であり，左辺第2項の$\gamma(\Gamma_3)$ は0である．この式の両辺を時間で微分し，既に求めた経路Γ_2に沿っての

$$v(\Gamma_2)=\frac{\hbar}{2e}\frac{d\gamma(\Gamma_2)}{dt}$$

の関係を使うと

$$v(\Gamma_2)=\frac{d}{dt}\boldsymbol{\Phi} \tag{3.26}$$

を得る．

Cの形をした超伝導体を1ターンのコイルであるとして，インダクタとみなせば，電気回路の立場から見直してみることもできる．電気回路では，コイルを一種のブラックボックスとして，磁束がある領域はこのブラックボックスの中に入れて考える．このブラックボックスから外にはインダクタの両端子が出ていて，両端子間の電位差（端子電圧）が定められる．このコイルに電流を流すと，この1ターンのコイルの両端子間（点b-点a間）に現れる端子電圧vは，このコイルに鎖交する磁束を$\boldsymbol{\Phi}$として

$$v = \frac{d\boldsymbol{\Phi}}{dt} \tag{3.27}$$

と表すことができる．このように式（3.26）は，回路理論での「コイルの両端子間に現れる端子電圧vは，このコイルに鎖交する磁束の時間変化に等しい」という関係式と対応するものと考えることができる．

第 4 章

dcジョセフソン効果

本章では，超伝導体中を流れる電流と，ジョセフソン接合を流れる電流について考える．それぞれの場合において，電流は位相及び電磁界のベクトルポテンシャルと関係があることが分かる．まず超伝導体中では，オーダパラメータの大きさは一定であるという仮定のもとで，位相の傾き$\nabla\theta$と電磁界のベクトルポテンシャル$\boldsymbol{A}$の（$2e/\hbar$）倍の和$\nabla\theta+(2e/\hbar)\boldsymbol{A}$に電流は比例する．次に，ジョセフソン接合においては，接合を横切って$\nabla\theta+(2e/\hbar)\boldsymbol{A}$を線積分して得た「ゲージ不変な位相差$\gamma$」を使うと，接合電流は$\sin\gamma$に比例する．

dcジョセフソン効果は広い意味では「ジョセフソン接合に超伝導電流が流れる現象」であり，理想的にはこれが$\sin\gamma$に比例するわけである．「ゲージ不変な位相差γ」には電磁界のベクトルポテンシャル$\boldsymbol{A}$の項が含まれていて，外から加えられた磁界により，接合の各点での電流密度は変調され，接合を流れる総電流も変化する．dcジョセフソン効果としては，「ジョセフソン接合を流れる超伝導電流の外部磁界による変調現象」を指すこともある．

4.1　超伝導体中の電流

4.1.1　一般化運動量と電流の式

この項では，超伝導体中での電流を表す式を導く．一般に運動量としては，mv運動量に加えて，一般化運動量というものを考えることができる．この一般化運動量は，場所についての傾きを求める演算子$\partial/\partial r$を使い，$-i\hbar\partial/\partial r$

（$=-i\hbar\mathrm{grad}$）の形で書くことができる．以下，∇記号を使い簡単に$-\hbar\nabla$と書くことにする．第1章で既に述べた超伝導体中の反磁性電流（超伝導電流）は電子対の運動によるとされ，この超伝導体中の電子対に対しては，この一般化運動量に対応する演算子は，電磁界のベクトルポテンシャル$\boldsymbol{A}$を使い

$$-i\hbar\nabla = m^*\boldsymbol{v} - 2e\boldsymbol{A} \tag{4.1}$$

と書くこともできる．ここで，m^*はこの電子対の（有効）質量で，$\boldsymbol{v}$は電子対の速度，$q=-2e$はこの電子対の電荷である．$-e$は電子1個の電荷である．このように，一般化運動量は$m\boldsymbol{v}$運動量に$q\boldsymbol{A}$を加えた形で表される．この一般化運動量の演算子をオーダパラータΨに作用させて

$$-i\hbar\nabla\Psi = (m^*\boldsymbol{v} - 2e\boldsymbol{A})\Psi \tag{4.2}$$

と書ける．ここで，オーダパラメータΨの大きさと位相をそれぞれRとθと置いて$\Psi = Re^{i\theta}$を代入すると，大きさRは場所によらず一定として

$$\hbar Re^{i\theta}\nabla\theta = m^*\boldsymbol{v}Re^{i\theta} - 2e\boldsymbol{A}Re^{i\theta}$$

を得る．この式より

$$\hbar R^2\nabla\theta = m^*R^2\boldsymbol{v} - 2eR^2\boldsymbol{A} \tag{4.3}$$

を得る．ここで，Rは超伝導のオーダパラメータΨの大きさで$R=|\Psi|$である．超伝導電流密度$\boldsymbol{j}$の値は

$$\boldsymbol{j} = qR^2\boldsymbol{v} = -2eR^2\boldsymbol{v} \tag{4.4}$$

と定めることができるので，式（4.3）より

$$-\alpha\boldsymbol{j} = \nabla\theta + \frac{2e}{\hbar}\boldsymbol{A} \tag{4.5}$$

を得る．ただし，αは

$$\alpha = \frac{m^*}{2\hbar eR^2} \tag{4.6}$$

で定義される正の定数である．

4.1.2　ロンドンの進入長

三次元x-y-z座標系で，理想的に$x>0$の右半分の領域には超伝導体があり，$x<0$の左半分の領域は真空とする．$x<0$の真空領域ではz軸正の向きに磁束密度$\boldsymbol{B}=(0,\ 0,\ B_0)$の磁界が存在するとし，超伝導体内部への磁界の侵入の様子を考えよう．準静的な電磁界を考え，「電流は流れているが，電界の時間

変化を無視できる状況」では，磁束密度$\boldsymbol{B}$の回転は，電流密度$\boldsymbol{j}$のμ_0倍に等しく

$$\nabla \times \boldsymbol{B} = \mu_0 \boldsymbol{j} \tag{4.7}$$

の関係式が成り立つ．電流の式$-\alpha \boldsymbol{j} = \nabla\theta + (2e/\hbar)\boldsymbol{A}$を考える．このような状況で，第一次近似としては，超伝導体内のオーダパラメータの大きさRは境界面までその平衡値$|\Psi_0|$に等しいと考えてよい．この電流の式のαは

$$\alpha = \frac{m^*}{2\hbar e|\Psi_0|^2} \tag{4.8}$$

と表される．この電流の式（4.5）の両辺の回転から，$-\alpha\nabla\times\boldsymbol{j} = \nabla\times(\nabla\theta) + (2e/\hbar)\nabla\times\boldsymbol{A}$を得るが，右辺において$\nabla\times(\nabla\theta) = 0$と$\boldsymbol{B} = \nabla\times\boldsymbol{A}$を使い

$$-\alpha\nabla\times\boldsymbol{j} = \frac{2e}{\hbar}\boldsymbol{B} \tag{4.9}$$

を得る．式（4.9）の$\boldsymbol{j}$に式（4.7）を代入すると

$$\nabla\times\nabla\times\boldsymbol{B} = -\frac{2e\mu_0}{\alpha\hbar}\boldsymbol{B} \tag{4.10}$$

が導かれる．ベクトル解析の公式

$$\nabla\times\nabla\times\boldsymbol{B} = \nabla(\nabla\cdot\boldsymbol{B}) - \nabla^2\boldsymbol{B} \tag{4.11}$$

（ただし，$\mathrm{grad}(\mathrm{div}\,\boldsymbol{B}) = \nabla(\nabla\cdot\boldsymbol{B})$と記し

$$\nabla^2\boldsymbol{B} = \left(\left(\frac{\partial^2}{\partial^2 x} + \frac{\partial^2}{\partial^2 y} + \frac{\partial^2}{\partial^2 z}\right)B_x, \left(\frac{\partial^2}{\partial^2 x} + \frac{\partial^2}{\partial^2 y} + \frac{\partial^2}{\partial^2 z}\right)B_y, \left(\frac{\partial^2}{\partial^2 x} + \frac{\partial^2}{\partial^2 y} + \frac{\partial^2}{\partial^2 z}\right)B_z\right)$$

である）を使う．磁束密度について$\nabla\cdot\boldsymbol{B} = 0$が成り立つことにも注意すると，式（4.11）は

$$\nabla^2\boldsymbol{B} = \frac{2e\mu_0}{\alpha\hbar}\boldsymbol{B} \tag{4.12}$$

となり，$\lambda = \{\alpha\hbar/(2e\mu_0)\}^{1/2}$と置くことにより

$$\lambda^2\nabla^2\boldsymbol{B} = \boldsymbol{B} \tag{4.13}$$

を得る．磁束密度$\boldsymbol{B}$のx成分，y成分，z成分の各成分に分けて考えるとそれぞれ，$\lambda^2\nabla^2 B_x = B_x$，$\lambda^2\nabla^2 B_y = B_y$，$\lambda^2\nabla^2 B_z = B_z$である．領域$x<0$で$x$成分と

y成分とは0であるとしているので，全領域で$B_x = 0$，$B_y = 0$としてよい．z成分については，左半分（$x < 0$）で$B_z = B_0$であり，$x > 0$で

$$B_z = C_1 \exp\left(\frac{x}{\lambda}\right) + C_2 \exp\left(-\frac{x}{\lambda}\right) \tag{4.14}$$

と解を表すことができる．超伝導体の内部へ行くほど磁束密度が0に近づくのは$\exp(-x/\lambda)$の項である．xの増加とともに発散する第1項は解としてふさわしくなく，$C_1 = 0$と置いてよい．境界条件「$x = 0$で$B_z = B_0$」より$C_2 = B_0$と求まり，結局

$$B_z = B_0 \exp\left(-\frac{x}{\lambda}\right) \tag{4.15}$$

を得る．このλは磁束密度についての超伝導体内部への侵入の程度を表し，ロンドンの侵入長と呼ばれる．超伝導体表面からλだけ内部に入った点で，磁束密度の値は表面での値の$1/e$倍になっている．正の定数αはこのロンドンの侵入長λを使い

$$\alpha = \frac{2e\mu_0\lambda^2}{\hbar} \tag{4.16}$$

と書くこともできる．

電流密度は，$\nabla\times\boldsymbol{B} = \mu_0\boldsymbol{j}$の関係式より求めることができる．$\boldsymbol{B}$の回転は行列式を使い

$$\nabla\times\boldsymbol{B} = \begin{vmatrix} \boldsymbol{i}_x & \boldsymbol{i}_y & \boldsymbol{i}_z \\ \dfrac{\partial}{\partial x} & \dfrac{\partial}{\partial y} & \dfrac{\partial}{\partial z} \\ B_x & B_y & B_z \end{vmatrix} \tag{4.17}$$

と書ける．行列式中の$\boldsymbol{i}_x$，$\boldsymbol{i}_y$，$\boldsymbol{i}_z$はそれぞれx方向，y方向，z方向の単位ベクトルである．$x > 0$の領域で，$B_x = 0$，$B_y = 0$で，B_zはxにのみ依存するから，電流密度$\boldsymbol{j}$のx成分とz成分は0である．y成分のj_yのみが0でない値を持ち，$j_y = -(1/\mu_0)\partial B_z/\partial x$より，$j_y = \{B_0/(\mu_0\lambda)\}\exp(-x/\lambda)$（ただし，$x > 0$）を得る．**図4.1**に示すように，$x > 0$の超伝導領域では，磁束密度$\boldsymbol{B}$は指数関数的に減少していき，電流も同様に表面から内部に指数関数的に減少しているのが分かった．

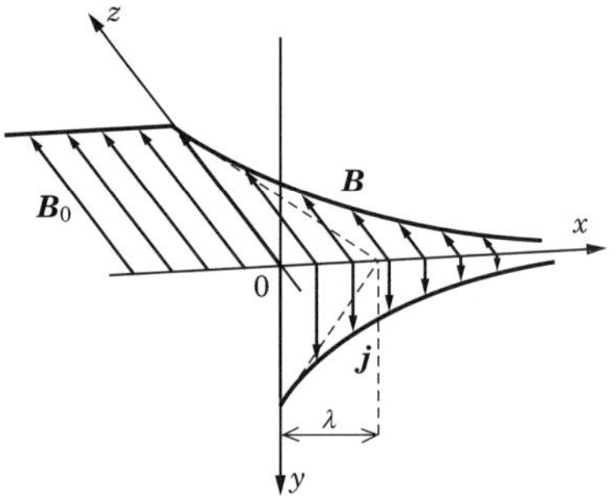

図 4.1 超伝導体表面での磁束密度分布と電流密度分布（$x < 0$ の領域は真空，$x > 0$ の領域は超伝導体）

4.2 ジョセフソン接合

4.2.1 トンネル形接合

この項ではジョセフソン接合について考える．ジョセフソン接合にはいろいろのものがあるが，大きく，トンネル形と，トンネル形以外の弱結合形と呼ばれるものに分類できる．ここではまず，トンネル形のジョセフソン接合について考える．**図 4.2** に示すようにトンネル形のジョセフソン接合は，酸化膜などでできたトンネルバリヤを二つの超伝導体で挟んだサンドウィッチの構造をしている．超伝導体/酸化膜/超伝導体とサンドウィッチされたものである．この構造の素子は簡単にトンネル素子といわれることもある．

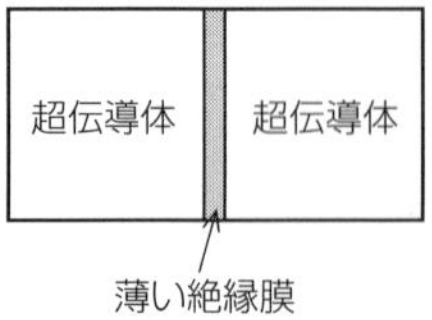

図 4.2 トンネル形ジョセフソン接合

酸化膜などでできたトンネルバリヤの厚さが数nmととても薄い場合，一方の超伝導体からトンネルバリヤを介して他方の超伝導体に電流を流しても，両方の超伝導体間に電位差が現れない現象が起こる．サンドウィッチ構造の二つの超伝導体間に電流源をつないで電流を流しても，この超伝導体間に電位差が現れない．しかし，電位差が超伝導体間に現れることなしに，いくらでも大きな電流を流せるわけではない．電位差0で流すことのできる電流の値には上限がある．電流の値がこの上限を超えない範囲では，超伝導体に挟まれた酸化膜それ自体も，あたかも超伝導状態になったかのように振る舞う，とてもおもしろい現象である．電位差がないのであるから，超伝導電流が酸化膜を通して流れているといってもよい．もちろん，このとき酸化膜に穴があいているのではない．酸化膜の厚さがとても薄いので，電子は，酸化膜を「トンネル」しているのである．**図4.3**にトンネル形素子の電流（縦軸）-電圧（横軸）特性を示す．$V=0$の縦軸に沿って超伝導電流が観測される．

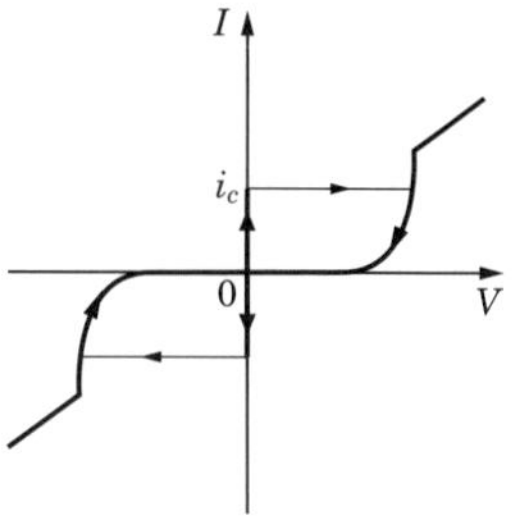

図4.3　トンネル形ジョセフソン接合の電流-電圧特性

ジョセフソン接合の一方の超伝導体から薄いバリヤを介して他方の超伝導体に，電位差なしで電流が流れる現象を，dcジョセフソン効果と呼ぶ．更にジョセフソン接合に磁界を加えることにより，この接合を電位差なしで流れる超伝導電流の最大値は変調される．場合によっては，外部磁界により超伝導電流が変調される現象をdcジョセフソン効果ということもある．

4.2.2　弱結合形接合

トンネル形以外の弱結合形の接合は，**図4.4**に示すように例えば，二つの超伝導体の間に薄い常伝導体の層を入れたり，半導体の層を入れたりした構造でつくることができる．超伝導体薄膜が途中が薄くなったり，幅が狭くなったりして，くびれている構造も，弱結合形のジョセフソン接合になる．超伝導体に電子ビーム，イオンビームなどを照射して一部超伝導特性を変化させることにより，接合にすることもできる．

この項では以下，「電極部の超伝導体に比べて超伝導性の弱い超伝導体を，弱結合領域に使った接合構造」を考えていく．

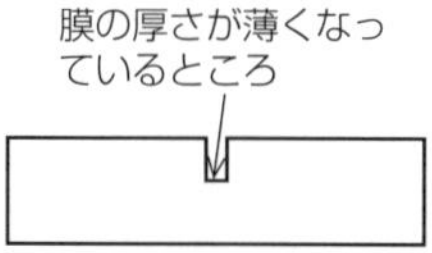

（a）厚さ変化接合（横から見た図）

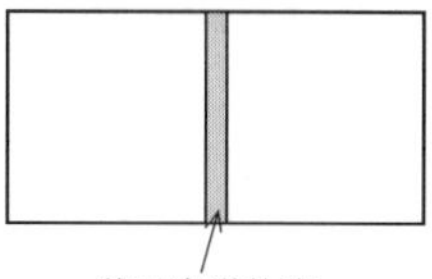

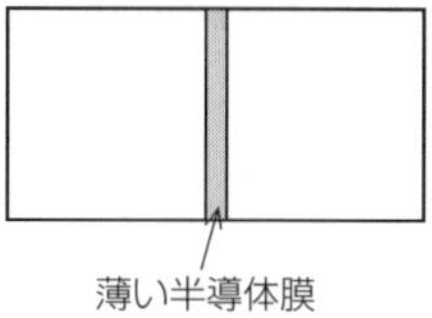

（b）半導体バリヤ接合（上から見た図）

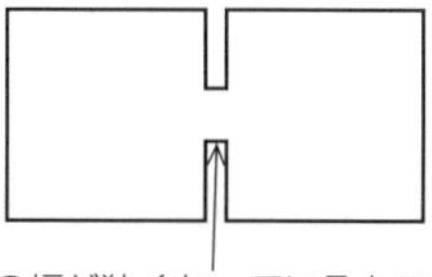

（c）くびれ構造の接合（上から見た図）

図4.4　弱結合形ジョセフソン接合

この接合構造では，電極領域のみでなく，弱結合領域の各点でのオーダパラメータの値を考えることができる．この超伝導性の強い超伝導体をS，超伝導体性の弱い超伝導体をS′として，S-S′-Sの構造の接合を考えるわけである．更に，接合領域でのオーダパラメータの値の変化とそれに伴う超伝導電流を考慮する[2]．

各点各点でのオーダパラメータの値Ψは，複素数であり，1.2.2項で述べたのと同じように，複素数Ψの実部をη，虚部をζとして$\Psi=\eta+i\zeta$（ηとζは実数，iは虚数単位，$i^2=-1$）と表す．複素平面はη-ζ平面で表すことになる．接合自体は簡単に一次元モデルで考える．接合部の厚さをDとして，$x<0$，$0<x<D$，$D<x$の領域はそれぞれ，左の電極の領域，接合領域，右の電極の領域に対応するとする．接合領域の各点でのオーダパラメータの値Ψの変化を三次元のx-η-ζ空間の中の軌跡で考えることにする．

左の電極と右の電極でオーダパラメータΨの値は$|\Psi_0|e^{i\varphi_L}$と$|\Psi_0|e^{i\varphi_R}$であるとする．電極領域から接合領域に移ると，電極とバリヤ領域との境界でオーダパラメータの位相自体は変化せず，その大きさがa倍に小さくなっているとしよう（ただし，$0<a<1$）．接合領域内部では左の電極との境界で$\Psi_L=a|\Psi_0|e^{i\varphi_L}$という値であり，右の電極との境界では$\Psi_R=a|\Psi_0|e^{i\varphi_R}$という値であると仮定することになる．**図4.5**に示すように，「接合領域内部で，xの値を少しずつ変えていったとき，三次元のx-η-ζ空間内のオーダパラメータの値の軌跡は直線となる」と仮定する．接合領域での両端の値が決まると，領域内部の場所xでの値は「$x=0$での値$\Psi_L=a|\Psi_0|e^{i\varphi_L}$」の$(D-x)/D$倍と「$x=D$での値$\Psi_R=a|\Psi_0|e^{i\varphi_R}$」の$x/D$倍の和である．図中では，簡単に$x=0$での値は$\Psi_L=a|\Psi_0|e^{i\varphi_L}$，$x=D$での値は$\Psi_R=a|\Psi_0|e^{i\varphi_R}$と示している．

$$\Psi(x)=\frac{D-x}{D}a|\Psi_0|e^{i\varphi_L}+\frac{x}{D}a|\Psi_0|e^{i\varphi_R} \tag{4.18}$$

電磁界のベクトルポテンシャルが無視できるほど小さい場合，電流はΨ^*と$\partial\Psi/\partial x$積の虚部に定数を掛けたものに等しい．式で表すと

$$j=-\frac{2e\hbar}{m}\mathrm{Im}\left\{\Psi^*(\nabla\Psi)\right\} \tag{4.19}$$

となる．式(4.19)に上の$\Psi(x)$の式(4.18)を代入すると，$\Psi(x)$の複素共役

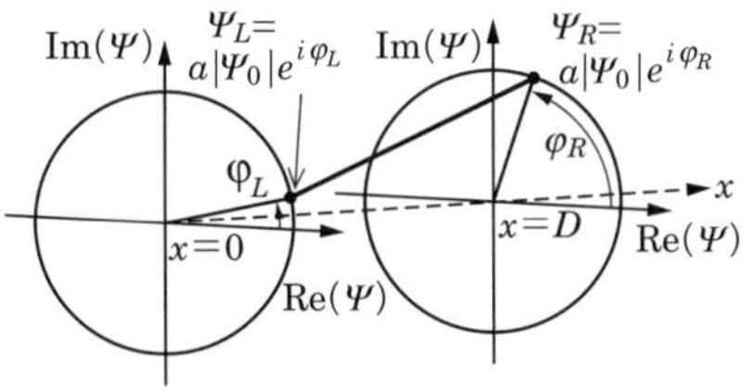

（a）軌跡は Re(Ψ)-Im(Ψ)-x の三次元空間内で直線と仮定

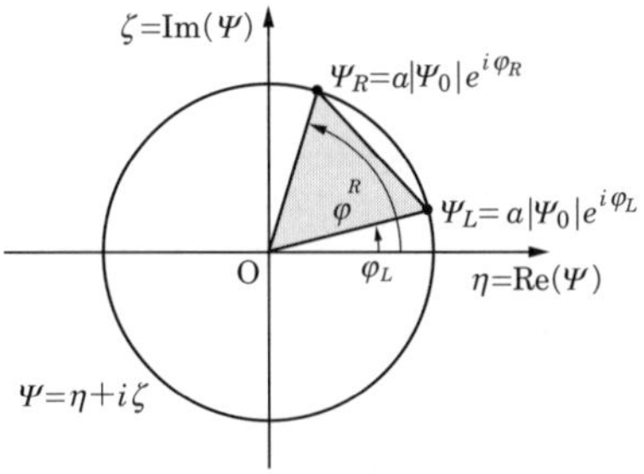

（b）複素平面上でのオーダパラメータの軌跡

図4.5　弱結合形ジョセフソン接合の接合領域内部のオーダパラメータの軌跡

$\Psi(x)^*$は

$$\Psi(x)^* = \frac{D-x}{D} a|\Psi_0|e^{-i\varphi_L} + \frac{x}{D} a|\Psi_0|e^{-i\varphi_R} \tag{4.20}$$

となり，Ψの勾配$\nabla\Psi$は

$$\nabla\Psi = \frac{a|\Psi_0|\left(e^{i\varphi_R} - e^{i\varphi_L}\right)}{D} \tag{4.21}$$

となるので

$$j = \frac{2e\hbar a^2|\Psi_0|^2}{mD} \sin(\varphi_L - \varphi_R) \tag{4.22}$$

を得る．電流が$\sin(\varphi_L - \varphi_R)$に比例して流れることが分かる．ここで$\varphi_L - \varphi_R$は両電極の位相差であるので，電流は両電極の位相差のsinに比例することが分かる．「複素平面上で$\Psi_L = a|\Psi_0|e^{i\varphi_L}$に対応する点Aと，$\Psi_R = a|\Psi_0|e^{i\varphi_R}$に対応する点B，及び原点Oの3点からなる三角形ABOの面積に，電流は比例

する」．ただし，$\sin(\varphi_L - \varphi_R)$ が負のときは三角形ABOは負の面積を持つと考えるとよい．位置xでのオーダパラメータの値$\Psi(x)$ を，その大きさRと位相θを使って表示し

$$\Psi = Re^{i\theta} \tag{4.23}$$

と置くと

$$\frac{d\Psi}{dx} = \frac{dR}{dx}e^{i\theta} + iRe^{i\theta}\frac{d\theta}{dx} \tag{4.24}$$

であり

$$\Psi^*\frac{d\Psi}{dx} = R\frac{dR}{dx} + iR^2\frac{d\theta}{dx} \tag{4.25}$$

より

$$j = -\frac{2e\hbar}{m}R^2\frac{d\theta}{dx} \tag{4.26}$$

を得る．位置xと位置$x + \Delta x$の差分で考えると

$$j\Delta x = -\frac{2e\hbar}{m}R^2\Delta\theta \tag{4.27}$$

となる．**図4.6**に示したように$R^2\Delta\theta/2$は，位置xでのオーダパラメータ$\Psi(x)$の値を表す複素平面上の点Cと，位置$x + \Delta x$のオーダパラメータの値$\Psi(x + \Delta x)$ の値を表す点D及び原点Oからなる三角形CDOの面積である．電流は位置xによらず一定であるから，Δxを一定にすると，この面積も位置xによらず一定である．「面積一定の法則」が成り立っていることが分かる．$R^2\Delta\theta$一定であるから，オーダパラメータの大きさRが小さい接合中央部では，電極に近い周辺部に比べて位相が速く回転していることが分かる．

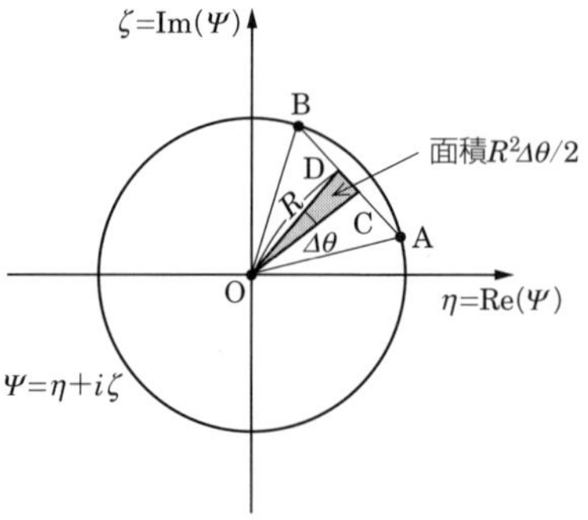

図4.6 面積則（オーダパラメータの軌跡は面積則を満たす）

4.2.3 ベクトルポテンシャルも考慮したときの超伝導電流の大きさ

前項では接合の中で電磁界のベクトルポテンシャルの項が位相の傾きの項

に比べて無視できるとして，電磁界のベクトルポテンシャルの項を省略した．ここでは，このベクトルポテンシャルの項も含めて述べることにする．

ジョセフソン接合において，二つの超伝導電極を上下に置き，平坦で薄い酸化膜を挟んでいるとする．この薄い酸化膜のトンネルバリヤを間にして向かい合う2点をそれぞれ下と上の超伝導電極中にそれぞれ点a，点bを取る．**図4.7**に示すように点aを始点として出発し，このトンネルバリヤと垂直に交わり，点bにたどる経路をΓとすると，点bから点aの向きに（経路Γの向きとは逆の向きに）流れる超伝導電流の電流密度はゲージ不変な位相差γを使って

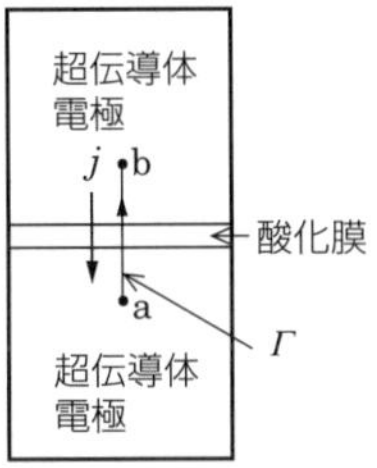

図4.7　ジョセフソン接合

$$j = j_0 \sin\gamma \tag{4.28}$$

となる．j_0は$\gamma = \pi/2$のとき最大値を取る．電流は点bから点aへの向きを正に定義している．ここでゲージ不変な位相差γは経路Γに沿って定義して

$$\gamma = \theta(\mathrm{b}) - \theta(\mathrm{a}) + \frac{2e}{\hbar}\int_\Gamma \boldsymbol{A}\cdot d\boldsymbol{s} \tag{4.29}$$

と表すことができる．ここで，$\theta(\mathrm{b})$と$\theta(\mathrm{a})$はそれぞれ点bと点aでのオーダパラメータの位相である．

特に，接合に鎖交する磁束が無視できるほど小さく，また接合に流れる電流自身による磁界も小さく無視できるときは，この経路Γがバリヤと交わる場所によらず，ゲージ不変な位相差γが接合内で一定とみなせるので，接合全体の臨界電流値をi_cと置いて

$$i = i_c \sin\gamma \tag{4.30}$$

と接合全体を流れる電流iの値を，接合全体の超伝導電流の最大値i_cを使って表すことができる．

特に接合中でも位相が定義できる場合には，点bと点aの位相差（$\theta(\mathrm{b}) - \theta(\mathrm{a})$）は，接合中を通る経路$\Gamma$に沿って考え

$$\theta(\mathrm{b}) - \theta(\mathrm{a}) = \int_\Gamma \nabla\theta\cdot d\boldsymbol{s} \tag{4.31}$$

と書き表すことができる．この場合，経路Γに沿っての（ゲージ不変な）位

相差は

$$\gamma = \int_{\Gamma} \left(\nabla\theta + \frac{2e}{\hbar} \boldsymbol{A} \right) \cdot d\boldsymbol{s} \tag{4.32}$$

と，線積分を使い書き表すこともできる．ここでは，経路Γに沿って電流が流れているので，経路Γに沿って$\nabla\theta + (2e/\hbar)\boldsymbol{A}$は0に等しくなく，位相差$\gamma$は0でない値となりうる．

接合領域での位相が定義できない場合でも，接合に超伝導体のインダクタが並列にある場合など，点aから点bまでの超伝導体内を通る経路Γ_1を経路Γとは別に考えることができるのであれば，θ(b) を経路Γ_1に沿って考えて確定できるので，γを2πの整数倍の不確定さを除いて決めることができる．このような経路Γ_1が全くない場合は，$i = i_c \sin\gamma$の式からγを逆算することになる．$i = i_c \sin\gamma$の一つの解をγ_1とすれば，Nを整数として，$\gamma_1 + 2\pi N$も解となるので，$i = i_c \sin\gamma$の解γに2πの整数倍の不確定さが残る．

接合に鎖交する磁束が無視できるほど小さくない場合は，式 (4.29) のγの値が接合内で変わるので，接合内のジョセフソン電流の場所依存性があり，より慎重な扱いを必要とする．この場合は，後の4.4節で扱う．

4.2.4 電流の向きと位相の傾き

本書では，位相の符号の取り方は次のように決めることにしよう．前項の接合のγの式 (4.32) の中のベクトルポテンシャルの項が小さいなら，位相の値を接合の両端で見て，「位相の値の大きいほうから小さいほうへ，電流が流れる」ように位相の符号を考える約束にしている．例えば，上側の電極から下側の電極へ臨界電流値が流れているとき，下側の電極の位相を0として，上側の電極の位相を$\pi/2$とすることになる．電流の式$-\alpha\boldsymbol{j} = \nabla\theta + (2e/\hbar)\boldsymbol{A}$においても，ベクトルポテンシャルが無視できるような状況においては，$-\alpha\boldsymbol{j} = \nabla\theta$となり，位相の値の傾きと電流の向きは逆で，狭い範囲で見ると「位相の値の大きいほうから小さいほうへ，電流が流れる」ことになる．

4.3 ジョセフソン接合のエネルギー

Cの形の超伝導体を考え（図3.2参照），更にこの節ではギャップの部分が非常に狭くジョセフソン接合になっているとする．この接合のすぐ下と上の超伝導電極中にそれぞれ点a，点bと取る．この点aと点bでの，電磁界のスカラポテンシャルをそれぞれ$\phi(\mathrm{a})$，$\phi(\mathrm{b})$と置き，その点での位相をそれぞれ$\theta(\mathrm{a})$，$\theta(\mathrm{b})$とすると，ギャップのときと同じく，この位相の時間変化について

$$\frac{\partial\theta(\mathrm{a})}{\partial t}=\frac{2e}{\hbar}\phi(\mathrm{a}) \tag{4.33}$$

$$\frac{\partial\theta(\mathrm{b})}{\partial t}=\frac{2e}{\hbar}\phi(\mathrm{b}) \tag{4.34}$$

が成り立ち，「基準点の点aを始点とし，ジョセフソン接合を横断して点bを終点とする経路Γ」に沿っての電界の強さ$\boldsymbol{E}$の線積分から，経路Γによる点bでの電圧vを

$$v=-\int_{\Gamma}\boldsymbol{E}\cdot d\boldsymbol{s} \tag{4.35}$$

で定義する．$\boldsymbol{E}=-\nabla\phi-\partial\mathbf{A}/\partial t$により

$$\begin{aligned} v&=\int_{\Gamma}\left(\nabla\phi+\frac{\partial\mathbf{A}}{\partial t}\right)\cdot d\boldsymbol{s}\\ &=\phi(\mathrm{b})-\phi(\mathrm{a})+\frac{\partial}{\partial t}\int_{\Gamma}\mathbf{A}\cdot d\boldsymbol{s} \end{aligned} \tag{4.36}$$

を得る．一方で式（4.29）より

$$\frac{\partial}{\partial t}\gamma=\frac{\partial}{\partial t}\theta(\mathrm{b})-\frac{\partial}{\partial t}\theta(\mathrm{a})+\frac{2e}{\hbar}\frac{\partial}{\partial t}\int_{\Gamma}\mathbf{A}\cdot d\boldsymbol{s}$$

であり，式（4.33），（4.34）を代入して

$$\frac{\partial}{\partial t}\gamma=\frac{2e}{\hbar}\left(\phi(\mathrm{b})-\phi(\mathrm{a})+\frac{\partial}{\partial t}\int_{\Gamma}\mathbf{A}\cdot d\boldsymbol{s}\right) \tag{4.37}$$

であるから，経路Γにより定義される点aから点bまでの電圧vとゲージ不変な位相差γの間には

$$v=\frac{\hbar}{2e}\frac{d\gamma}{dt} \tag{4.38}$$

の関係がある．

このacジョセフソン効果を表す式より，ジョセフソン接合のエネルギーが求まる．簡単のため接合部での磁界は無視できるほど小さく，接合内でのジ

ョセフソン電流の場所依存性はないとする．

接合のエネルギーを第1章の議論と同様に求めてみよう．ジョセフソン接合に電流値が可変の電流源をつなぐ．最初，電流源の電流値を0としておく．次に，ジョセフソン接合の上の超伝導電極からバリヤを通して下の超伝導電極に流す電流の量を（時刻t_iに）0から始めて，きわめてゆっくり徐々に増やしていく．時刻t_fに目標の電流値に達したとする．このような場合，接合に蓄えられたエネルギーU_jは最初$\gamma=0$で0と置くと，時刻t_fでのU_jは時刻t_iから時刻t_fに電流源が接合に対してなした仕事に等しい．接合は理想的で，損失分や電極間の容量はここで考えないことにする．この電流源のなす仕事W_{cs}を評価する．電流はジョセフソン効果によるもののみを考えていて，ゲージ不変な位相差のsinに比例する形$i=i_c\sin\gamma$で表されている．電流源のなす仕事W_{cs}は接合を流れるジョセフソン電流iと接合の両端のvを使って評価でき

$$W_{cs}=\int_{t_i}^{t_f} vidt \tag{4.39}$$

である．ここで，$v=\{\hbar/(2e)\}d\gamma/dt$の関係式を使う．接合のゲージ不変な位相差は，最初電流が流れていなかったので0であり，最終的に時刻t_fにγ_fの値になったとすると

$$\begin{aligned}W_{cs}&=\frac{\hbar}{2e}\int_0^{\gamma_f} id\gamma\\&=\frac{\hbar}{2e}\int_0^{\gamma_f} i_c\sin\gamma\, d\gamma\\&=\frac{\hbar}{2e}i_c(1-\cos\gamma_f)\end{aligned} \tag{4.40}$$

であり，この値が接合の蓄えるエネルギーU_jに等しいのであるから

$$\begin{aligned}U_j&=\frac{\hbar}{2e}i_c(1-\cos\gamma)\\&=\frac{\Phi_0 i_c}{2\pi}(1-\cos\gamma)\end{aligned} \tag{4.41}$$

と求まる．ここでγ_fを再びγと置いた．この式は，エネルギーU_jをγで微分したものの（$2\pi/\Phi_0$）倍は接合に流れる電流i_jに等しいという関係式になっている．すなわち

$$i_j = \frac{2\pi}{\Phi_0}\frac{\partial U_j}{\partial \gamma} \tag{4.42}$$

が成り立つ．エネルギーU_jのγで依存性は基本的に$1-\cos\gamma$のグラフの形で，昔使われた「洗濯板」の形である．等価な力学的モデルは「洗濯板モデル」と呼ばれることがある．

接合のエネルギーの式はγについての周期関数で極小値を複数個持つことに注目したい．そのため，接合を含む回路（接合のほかに，インダクタ，抵抗，コンデンサなどを含む）も，その構成を工夫することにより，エネルギー的に多数の極小値を持ち，複数の状態がエネルギー的に安定となる可能性がある．ゆえに，この複数の安定点をうまく使うことにより，ジョセフソン接合を使い，記憶回路，論理回路などへの応用が期待できる．

4.4　ジョセフソン電流の磁界依存性

ジョセフソン接合に流れる最大ジョセフソン電流は，接合により加えられる磁界により変調される．磁界がある場合，二つの超伝導電極間の位相差γは，場所により異なる．これを接合の形が長方形の場合で，その長方形の一辺に平行に磁界を加える場合について考えていく．

図4.8に示したように，絶縁層を挟んで，下側の電極と上側の電極中を通り1周する経路a→b→c→d→aについて，ゲージ不変な位相差を考えていく．

$$\begin{aligned}&\left\{\theta(\mathrm{b})-\theta(\mathrm{a})+\frac{2e}{\hbar}\int_{\mathrm{a}\to\mathrm{b}}\mathbf{A}\cdot d\boldsymbol{s}\right\}+\left\{\theta(\mathrm{c})-\theta(\mathrm{b})+\frac{2e}{\hbar}\int_{\mathrm{b}\to\mathrm{c}}\mathbf{A}\cdot d\boldsymbol{s}\right\}\\&+\left\{\theta(\mathrm{d})-\theta(\mathrm{c})+\frac{2e}{\hbar}\int_{\mathrm{c}\to\mathrm{d}}\mathbf{A}\cdot d\boldsymbol{s}\right\}+\left\{\theta(\mathrm{a})-\theta(\mathrm{d})+\frac{2e}{\hbar}\int_{\mathrm{d}\to\mathrm{a}}\mathbf{A}\cdot d\boldsymbol{s}\right\}\\&=\frac{2e}{\hbar}\Delta\Phi\end{aligned} \tag{4.43}$$

ここで，$\Delta\Phi$はこの閉じた経路a→b→c→d→aと鎖交する磁束である．左辺の第2項，第4項は上側及び下側の超伝導体電極中でのゲージ不変な位相差であり，それぞれb→c及びd→aの経路に沿っての電流の線積分に一つの定数を除いて等しく，これらは他の第1項，第3項に比べて十分小さいとみな

してよい．左辺の第1項，第3項をそれぞれ$\gamma(z+\Delta z)$と$-\gamma(z)$と置くと

$$\gamma(z+\Delta z)-\gamma(z)=\frac{2e}{\hbar}\Delta\Phi \tag{4.44}$$

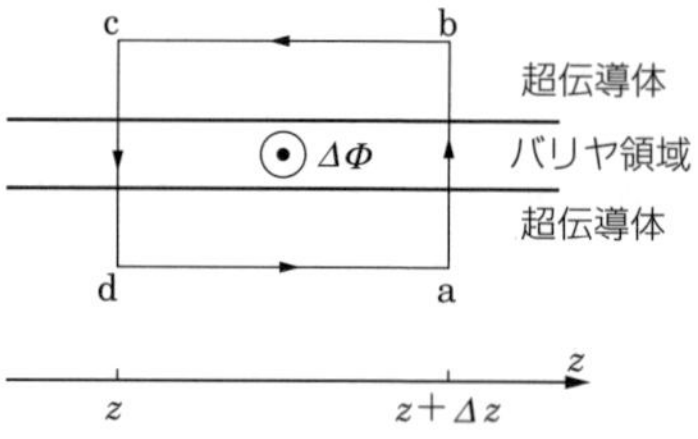

図4.8　接合構造中の長方形の経路
a→b→c→d→a

を得る．絶縁層中での磁束密度は場所によらず，その大きさを一定値Bと置く．上下の超伝導電極中には，絶縁層から指数関数の形で減少する大きさの磁束が侵入している．ゆえに，この閉じた経路と鎖交する磁束$\Delta\Phi$は

$$\Delta\Phi=(d+\lambda_1+\lambda_2)B\Delta z \tag{4.45}$$

と表すこともできる．ただし，ここでdは絶縁層の厚さ，λ_1とλ_2はそれぞれ上と下の電極でのロンドンの侵入長で，ここでは互いに等しいとして以下λと置く．この接合にz座標が$-W/2$から$W/2$の範囲で鎖交する全磁束Φは$\Phi=BW(d+2\lambda)$である．式（4.44），（4.45）より

$$\begin{aligned}\frac{\partial\gamma}{\partial z}&=\frac{2e(d+2\lambda)B}{\hbar}\\&=\frac{2e\Phi}{\hbar W}\\&=\frac{2\pi\Phi}{W\Phi_0}\end{aligned} \tag{4.46}$$

を得る．ゆえに，接合の中心$z=0$での位相差$\gamma(0)$を使い，位相差γの場所依存性は

$$\begin{aligned}\gamma(z)&=\frac{2e(d+2\lambda)Bz}{\hbar}+\gamma(0)\\&=\frac{2\pi\Phi}{W\Phi_0}z+\gamma(0)\end{aligned} \tag{4.47}$$

と表すことができる．場所zでのジョセフソン電流密度を$i(z)$と置くと，この位相差$\gamma(z)$を使い

$$i(z)=i_0\sin\gamma(z)$$

$$=i_0\sin\left[\frac{2\pi\Phi}{W\Phi_0}z+\gamma(0)\right] \qquad (4.48)$$

と表すことができる．この$i(z)$を接合のz方向に$-W/2$から$W/2$まで積分して，接合を流れる電流Iは

$$I=\int_{-W/2}^{+W/2} i_0\sin\left\{\frac{2\pi\Phi}{W\Phi_0}z+\gamma(0)\right\}dZ$$

$$=-i_0\left[\frac{W\Phi_0}{2\pi\Phi}\cos\left(\frac{2\pi\Phi}{W\Phi_0}z+\gamma(0)\right)\right]_{-W/2}^{W/2}$$

$$=-\frac{i_0W\Phi_0}{2\pi\Phi}\left\{\cos\left(\frac{\pi\Phi}{\Phi_0}+\gamma(0)\right)-\cos\left(-\frac{\pi\Phi}{\Phi_0}+\gamma(0)\right)\right\}$$

$$=\frac{I_c\Phi_0}{\pi\Phi}\sin\gamma(0)\sin\frac{\pi\Phi}{\Phi_0}$$

$$=I_c\sin\gamma(0)\frac{\sin\phi}{\phi} \qquad (4.49)$$

となる．ただし，途中で$Wi_0=I_c$，$\pi\Phi/\Phi_0=\phi$と置いた．$\sin\gamma(0)$は-1から1までの値を取りうるので，接合を流れる最大ジョセフソン電流Iは

$$I=I_c\left|\frac{\sin\phi}{\phi}\right| \qquad (4.50)$$

と求まる．このグラフの形は**図4.9**に示すように，スリットを通り抜けた光の回折パターンと同じでフラウンホーファーパターンと呼ばれるものとなる．

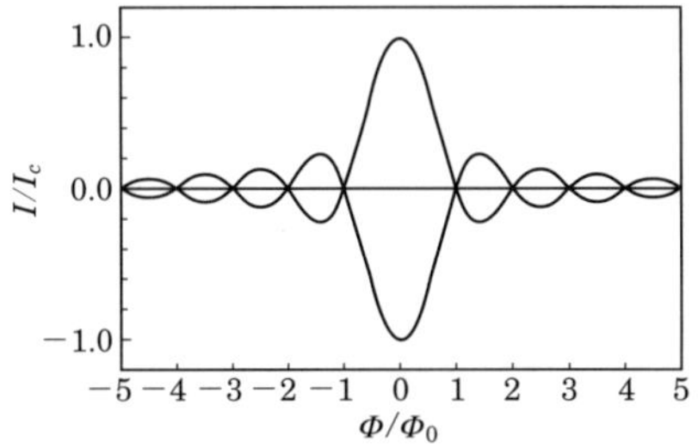

図4.9　ジョセフソン接合を流れる超伝導電流の外部印加磁界依存性（フラウンホーファーパターン）

dcジョセフソン効果は広い意味では「ジョセフソン接合に超伝導電流が流れる現象」であるが，dcジョセフソン効果として，この「ジョセフソン接合を流れる超伝導電流の外部磁界による変調現象」を指すこともある．

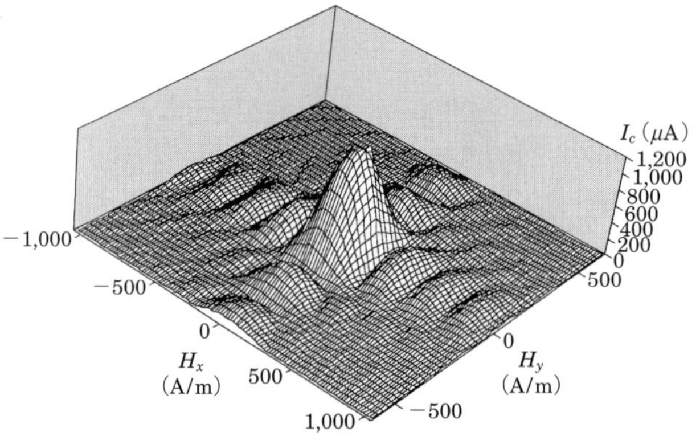

図4.10 トンネル接合を流れる超伝導電流の変調実験の結果（外部印加磁界を二方向に独立に走査することにより，超伝導電流を変調する．正方形の接合の辺に平行なH_x及びH_yの二方向にフラウンホーファーパターンが観察される）

超伝導接合を流れる超伝導電流の外部印加磁界による変調実験の結果を**図4.10**に示す．超伝導接合はアルミニウムの酸化膜をトンネルバリヤとするNb接合である．正方形の接合のそれぞれ辺に平行に外部印加磁界H_x及びH_yの向きを取り，独立に変化させることにより，接合を流れる超伝導電流を変調する．H_x及びH_yの二方向にフラウンホーファーパターンで変調されていることが実験的にも確かめられた[3]．

第 5 章

rf-SQUIDの特性

超伝導量子干渉計（SQUID）は，超伝導体ループの途中にジョセフソン接合が一つ若しくは複数個（多くは二つ）ある構造が基本である．超伝導体でできた穴あき円筒の例から始めて，超伝導体ループの途中にジョセフソン接合が一つあるrf-SQUIDについて本章では考察する．

5.1　rf-SQUID

5.1.1　真ん中に穴のあいた円筒形超伝導体

この5.1節では超伝導のループの途中に接合が一つある構造から考える．この構造はrf-SQUIDと呼ばれる．

まず，**図5.1**（a）に示すような「真ん中に穴のあいた細長い円筒形超伝導体」を考える．その穴には最初磁束は鎖交していないとする．この細長い超伝導体をソレノイドコイルの中に入れる．次に，図5.1（b）に示すように，ソレノイドコイルに「電流値を変えることができる電流源i_{ex}」をつないで電流を流し，円筒回転軸（z軸）方向上向きの磁界を超伝導体に加える（この電流は最初0で，次に0から徐々にi_0まで増やしていく）．超伝導体の円筒及びソレノイドコイルは十分細長いとして，端の効果を無視する．ソレノイドコイルは軸（z軸）方向単位長さ当たりnターン巻いてあるとすると，ソレノイドコイルに流す電流がi_0のとき，超伝導体の外側表面には軸方向上向きに$H = ni_0$の強さの磁界が加わる．このとき，超伝導体のマイスナー効果により

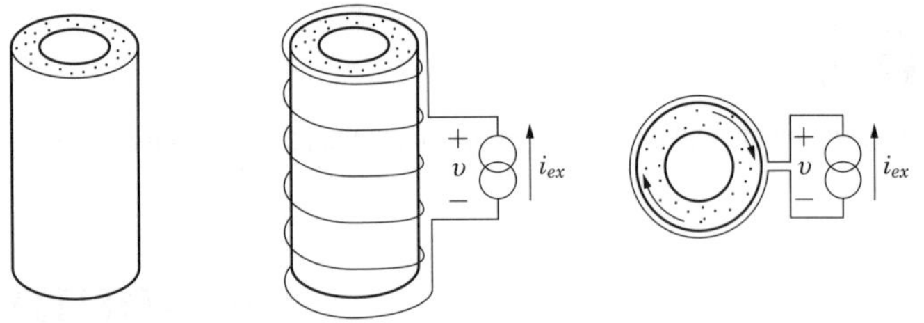

（a）真ん中に穴のあいた円筒形超伝導体の形　（b）ソレノイドコイルによる磁界印加　（c）円筒形超伝導体に流れる反磁性電流（上から見た図）

図5.1　真ん中に穴のあいた円筒形超伝導体

磁束が超伝導体内部に侵入しないように，超伝導体の外側表面にコイルの電流の向きとは逆に（言い換えると図5.1（c）に示すように上から見て時計方向に）反磁性電流が生じる．その大きさはz軸方向単位長さ当たりni_0である．

円筒の肉厚が超伝導体のロンドンの進入長に比べて十分厚いとする．円筒外側に磁界があっても，表面よりロンドンの進入長に比べて十分超伝導体の内部に入ったところでは反磁性電流も流れておらず，磁束密度も0であるとしてよい．この場合，このソレノイドコイルのつくる磁界が超伝導体そのものの臨界磁界に比べて大きなものでない限り，磁束が円筒形超伝導体の真ん中の穴に侵入することはなく，穴の中では磁束密度が0（$\boldsymbol{B}=\boldsymbol{0}$）としてよい．超伝導体自体のみでなく，このように穴の中にも磁束が入らないという意味で，円筒形超伝導体全体としても，完全な反磁性の振舞いをすることになる．

5.1.2　大きなギャップのある円筒形超伝導体

この穴のあいた超伝導体の途中が**図5.2**（a）のように，1か所切れている場合を次に考えよう．

先の例と同じように，ソレノイドコイルの中に入れて（図（b）），電流源により電流を流し超伝導体に軸方向の磁界を加える．この場合もソレノイドコイルが単位長さ当たりnターン巻いてあるとすれば，超伝導体の外側表面には軸方向上向きに$H=ni_0$の強さの磁界が加わる．このギャップが十分大きければ（1 mmより十分大きければよい）電子がこのギャップの部分を移動することはなく，ギャップ部を流れる電流は無視できる．この「ギャップのあ

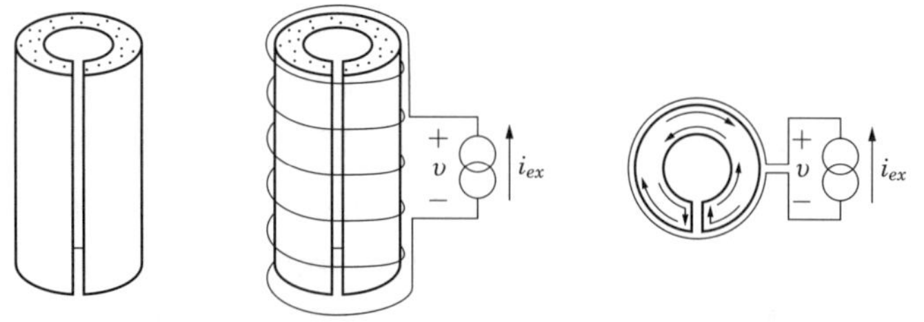

（a） 大きなギャップのある円筒形超伝導体　（b） ソレノイドコイルによる磁界印加　（c）「大きなギャップのある円筒形超伝導体」に流れる反磁性電流（上から見た図）

図5.2　大きなギャップのある円筒形超伝導体

る超伝導体」の外側表面には，コイルの電流の向きとは逆向きに（図（c）に示すように軸方向上から見て時計方向に）単位長さ当たりni_0の反磁性電流が生じる．トンネル電流などのギャップを通して流れる電流が無視できるほど広いギャップを考えているので，この外側表面を流れる電流はギャップのところで内側に折り返す．円筒の内側表面には，ソレノイドコイルの電流と同じ向きに電流が流れる．円筒の穴の中の磁界は一様な大きさとしてよく，円筒の穴の中にも円筒のすぐ外と同じ大きさの磁界が生じる．その大きさは磁界の強さで$H = ni_0$であり，磁束密度$\boldsymbol{B}$でいうと$\boldsymbol{B} = \mu_0 ni_0$となる．ギャップは円筒の径に比べては十分狭いとして，ギャップ部の面積を無視すると，鎖交する磁束$\boldsymbol{\Phi}$は穴の半径をaとして

$$\boldsymbol{\Phi} = \pi a^2 \mu_0 ni_0 \tag{5.1}$$

となる．この場合は，外側のソレノイドコイルに電流を流すと，先の例とは反対に，円筒形超伝導体の真ん中の穴の部分にも容易に磁束が入り込む場合である．反磁性の振舞いがないのである．もちろん，この場合でも，超伝導体そのものの内部では磁束密度は0である．

5.1.3　狭いギャップのある円筒形超伝導体（SQUID）

第3番目の例は，ギャップの間隔が数nm以下となって，ギャップの真空部分を，電子が移動できるようになったり，ギャップの部分が空気または真空でなく，金や銅といった常伝導体で埋められ，やはり電子が移動できるようになった場合である．ギャップが単なる切れ目から，「ジョセフソン接合」になったわけである．こうなると，おもしろい効果が現れる．

このように超伝導電流がこのギャップを流れるようになった場合の円筒形超伝導体は，先の二つの例の中間の場合となり，「不完全な反磁性の振舞い」をする．このジョセフソン接合には超伝導電流が流れても，その両端に電位差が現れないのだが，前章でも述べたように，この超伝導電流には臨界値がある．これまでの例と同じように，この形の超伝導体をソレノイドコイルの中に入れて，**図5.3**に示すように，電流源によりソレノイドコイルに電流を流し，円筒の軸方向に磁界を加える．最初電流は0として，ある時刻から電流の値を非常にゆっくりと増やしていくわけである．このときの振舞いの概略は次のようである．

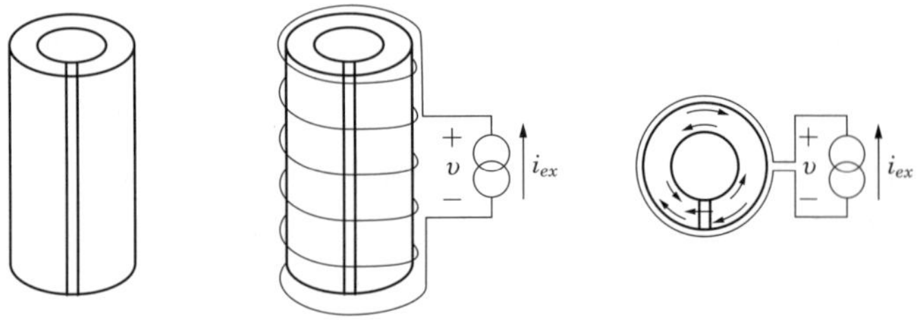

（a） ジョセフソン接合を含む円筒形超伝導体の形　（b） ソレイイドコイルによる磁界印加　（c）「ジョセフソン接合を含む円筒形超伝導体」に流れる反磁性電流（上から見た図）

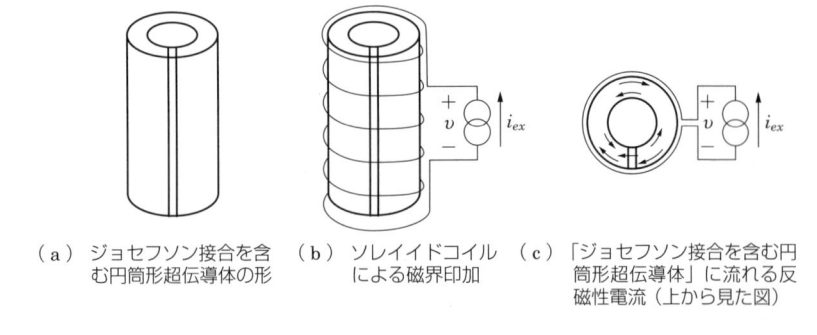

図5.3　ジョセフソン接合を含む円筒形超伝導体

電流が小さいうちは，最初の「切れ目なし円筒形超伝導体」の例に似て，円筒外側表面に反磁性電流が流れ，円筒の穴の中に磁束がほとんど入り込まない．しかし，この第3の例では，円筒の一部は接合部であり，接合部を流れる電流には臨界値がある．円筒内側の穴に磁束が入り込まないように，円筒外側を電流が流れるのであるが，この臨界値のため，外から加わる磁界に抗して流れる電流にも限りがある．あるところで，磁束を追い出すことにもはや限界がきて，磁束が急に円筒内の穴に入ることになる．より定量的な扱いは次節以降に説明する．

5.2　ソレノイドコイルとコンデンサの並列回路

5.2.1　*LC*並列回路の共振現象

前節で述べた，中間的な状態をより定量的に扱うためには，「ジョセフソン接合部を含む円筒形超伝導体」の等価回路を考えるとよい．この等価回路を解析するために，少し準備をしよう．

5.1.2項で考えた「ギャップのある円筒形超伝導体」は超伝導体部分をインダクタ，ギャップ部が狭く等価的にコンデンサであるとし損失がないと仮定すれば，理想的にはインダクタとコンデンサからなる回路とみなすことができる．

まず，この簡単な回路から考えていく．**図5.4**のように自己インダクタンスLのインダクタを考え，並列にコンデンサ（静電容量C）が入っている回路を考える．このインダクタとコンデンサの並列回路の共振について考えてみよう．この並列回路の両端の電圧をv，インダクタ及びコンデンサに流れる電流をそれぞれi_L，i_{cap}とする．インダクタ，コンデンサにおいてそれぞれ

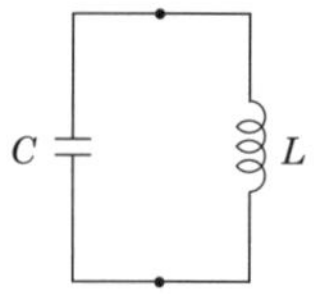

図5.4　*LC*並列回路

$$v = \frac{d\Phi}{dt} \tag{5.2}$$

$$i_{\mathrm{cap}} = \frac{dQ}{dt} = C\frac{dv}{dt} \tag{5.3}$$

の式が成り立つ．ただし，Qはコンデンサの蓄える電荷，Φはインダクタの鎖交磁束である．ある時刻（$t = 0$）の状態を初期状態として，このとき，$v = 0$，$i_L = i_0$（ただし$i_0 > 0$），$i_{\mathrm{cap}} = 0$と仮定する．この後，$t > 0$において回路の状態がどのように変化していくかを考えてみよう．電流の保存則から

$$i_{\mathrm{cap}} + i_L = 0 \tag{5.4}$$

である．インダクタの電流はインダクタの鎖交磁束Φにより$i_L = \Phi/L$と表される．またコンデンサの電流の式（5.3）を使い

$$C\frac{dv}{dt} + \frac{\Phi}{L} = 0 \tag{5.5}$$

を得る．両辺をtで微分して，式（5.1）を使うと

$$C\frac{d^2v}{dt^2}+\frac{v}{L}=0 \tag{5.6}$$

を得る．この微分方程式の解で「$t=0$で$v=0$，$i_L=i_0$（>0）」を満たすものは

$$v=-L\omega i_0\sin\omega t \qquad （ただし，\omega=(LC)^{-1/2}） \tag{5.7}$$

である．電流はそれぞれ

$$i_{\mathrm{cap}}=-i_0\cos\omega t \tag{5.8}$$

$$i_L=i_0\cos\omega t \tag{5.9}$$

と求まる．鎖交磁束$\boldsymbol{\Phi}$は$\boldsymbol{\Phi}=Li_L=Li_0\cos\omega t$となる．$\boldsymbol{\Phi}_{\mathrm{MAX}}=Li_0$と置くと，最初$\boldsymbol{\Phi}=\boldsymbol{\Phi}_{\mathrm{MAX}}$であり，この後，$\boldsymbol{\Phi}_{\mathrm{MAX}}$と$-\boldsymbol{\Phi}_{\mathrm{MAX}}$の間で単振動することになる．

また，式（5.5）の両辺にvを掛け，左辺第2項では，このvを$d\boldsymbol{\Phi}/dt$で置き換えると

$$Cv\frac{dv}{dt}+\frac{\boldsymbol{\Phi}}{L}\frac{d\boldsymbol{\Phi}}{dt}=0 \tag{5.10}$$

を得る．両辺をtについて積分すれば，次のエネルギーの保存則の式が得られる．

$$\frac{1}{2}Cv^2+\frac{\boldsymbol{\Phi}^2}{2L}=一定 \tag{5.11}$$

初期状態（$t=0$）で，$v=0$，$i_L=i_0$であるから

$$\frac{1}{2}Cv^2+\frac{\boldsymbol{\Phi}^2}{2L}=\frac{Li_0^2}{2} \tag{5.12}$$

と書くこともできる．左辺第1項はコンデンサの蓄えるエネルギー，第2項はインダクタの蓄えるエネルギーであり，それぞれW_CとW_Lと置くと，式(5.7)，(5.9）より

$$\begin{aligned}W_C&=\frac{1}{2}Cv^2\\&=\frac{1}{2}Li_0^2\sin^2\omega t\end{aligned} \tag{5.13}$$

$$W_L = \frac{1}{2} L i_L{}^2$$
$$= \frac{1}{2} L i_0{}^2 \cos^2 \omega t \qquad (5.14)$$

である．これら2項の和は時刻によらず一定値である．インダクタの鎖交磁束Φは，Li_0と$-Li_0$の間で単振動する．並列接続のインダクタとコンデンサの間で共振現象が起こることになるのである．

5.2.2　洗濯板モデル（力学的モデルとの類推）

ある電気回路の状態が時間的にどのように変化していくかを考えるときに，力学的モデルとの類推を考えると分かりやすいことが多い．以下いくつかの力学的モデルの例を述べる．

（1）力学的モデル（その1）

力学的モデルの最も簡単な例として，**図5.5**に示すような水平で滑らかな面上にある「ばねにつながれた質点」の（一次元の）運動を考える．質点にはばねの右端がつながり，ばねの左端は壁に固定されているとする．「質点と面との摩擦」などを考えない場合，その運動は

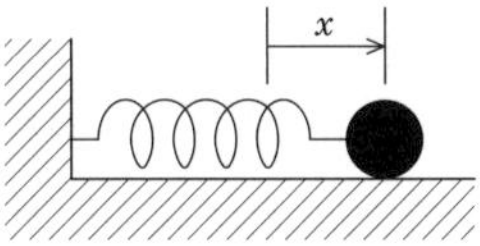

図5.5　水平で滑らかな面上にある「ばねにつながれた質点」

$$m \frac{d^2 x}{dt^2} = -kx \qquad (5.15)$$

で表される．ただし，xはばねの自然長からの「伸び」である．ばねをx_0だけ伸ばし，時刻$t=0$で放すと，x_0の振幅で単振動する．

（2）力学的モデル（その2）

次の力学的モデルとして，曲面上を運動する質点を考える．「ばねにつながった質点の運動」とこの「曲面上の質点の運動」との類推が次のように成り立つ．**図5.6**に示すように，この質点には垂直下向きに重力が働くとする．曲面の高さhは図の横軸方向である座標xにのみ依存し，曲面を上から見て質点の運動もx方向のみを考える．点Pでの曲面の傾きを図のように水平面となす角ζ（ラジアン）により表す．ただし，この角度ζの大きさは1に比べて十分小さいとする．このとき，$\sin\zeta$は点Pでの曲面の傾きdh/dxで近似でき

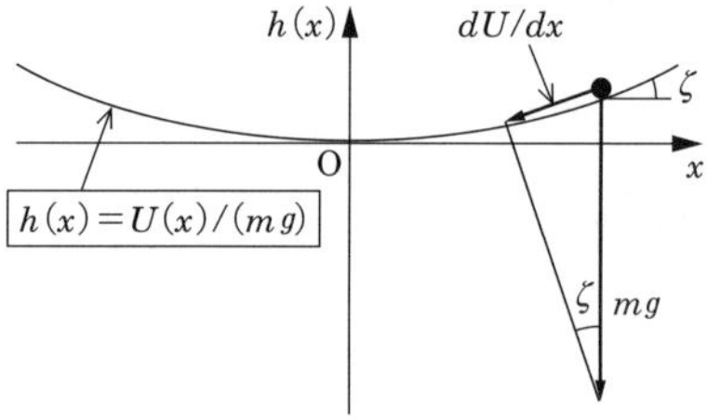

図5.6　曲面上の質点の運動（洗濯板モデル）

る．曲面上の点Pにある質量mの質点に働く力は重力により垂直下向きにmgであり，その斜面に沿っての力の成分は$-mgdh/dx$である．質点のポテンシャルエネルギーUは$U = mgh$であるから，この力の成分は$-dU/dx$に等しいとみなせる．よって，角度ζの大きさが1に比べて十分小さい場合，質点の運動は

$$m\frac{d^2x}{dt^2} = -\frac{dU}{dx} \tag{5.16}$$

で表すことができる．曲面の縦方向の変位は実際はほんの少しであるが，分かりやすいように，図5.6では縦方向（高さ方向）を拡大して書いてある．

この「面曲上を運動する質点」の例で，Uを

$$U(x) = \frac{1}{2}kx^2 \tag{5.17}$$

とすると，曲面の高さhを$h = kx^2/(2mg)$と置くことになり，ゆるやかな放物線の形の曲面上の運動を考えることになる．摩擦のない理想的なモデルでは，$x = x_0$の位置で質点を離すことにより，$x = 0$を中心とした，振幅x_0の単振動を観察できる．

先ほどのLC並列回路では，インダクタのエネルギー$\Phi^2/(2L)$をポテンシャルエネルギー$U(\Phi)$とみなすことにより，**図5.7**に示す「面曲上を運動する質点」の力学モデルとの類推を考えることができる．時刻$t = 0$で質点は放物線形曲面上，$\Phi = \Phi_{\mathrm{MAX}}$の位置にあり，この後，$\Phi_{\mathrm{MAX}}$と$-\Phi_{\mathrm{MAX}}$の間で単振動する．運動エネルギー（コンデンサのエネルギー）は$\Phi = 0$の位置で最大となる．理想的に，共振回路の等価回路に損失成分がない場合は，質点の運動で曲面などとの摩擦がない場合に対応し，振動は同じ最大振幅でずっと続

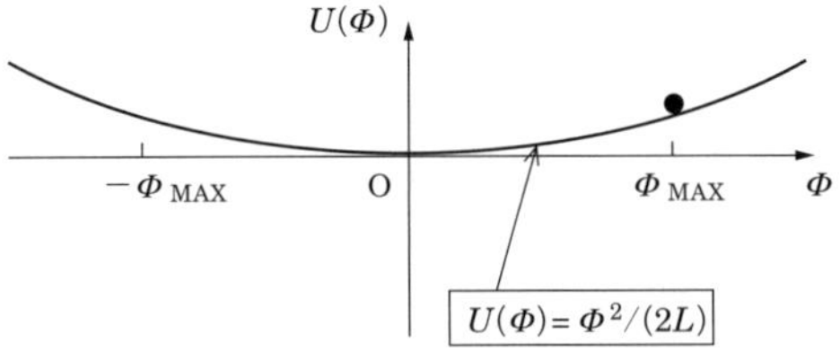

図5.7　LC並列回路の力学的モデル

くのである．

まとめると

「LC共振回路」⇔「ばねにつながれた質点の一次元運動」

⇔「$y = ax^2$の曲面上の運動」（a：正の定数）

の類推が成り立ち，損失のない理想的な場合，ともに$x = 0$を中心とした単振動となる．

ここでの対応付けをまとめると，以下となる．

コンデンサの容量	⟷	質点の質量
コンデンサの電圧	⟷	質点の速度
コンデンサに蓄積された電荷	⟷	質点の運動量
コンデンサの蓄えるエネルギー	⟷	運動エネルギー
インダクタの鎖交磁束	⟷	質点の横方向の位置（x座標）
インダクタなどの磁気的エネルギー	⟷	ポテンシャルエネルギー

一般に「曲面上の運動」と「LC共振回路などの電気回路」との類推では，曲面上の運動での曲面の高さ$h = h(x)$の位置x依存性は，インダクタなどの磁気的エネルギーの鎖交磁束依存性に対応することになる．このLC並列共振回路の場合に，この曲面の形は放物線の形になる．

5.2.3　電流源をつないだLC並列回路

次に，回路を**図5.8**に示すように少し変える．前項で調べたインダクタとコンデンサの並列回路に定電流源をつなぐことにする．電流源の電流はi_{ex}とすると，電流の保存則から

$$i_{\rm cap} + i_L - i_{ex} = 0 \tag{5.18}$$

が成り立つ．初期状態（$t = 0$）で$i_L = 0$，$i_{\mathrm{cap}} = i_1$，$v = 0$であるとする．式(5.18)は，インダクタの電流は鎖交磁束Φにより$i_L = \Phi/L$と表されることと，コンデンサの電流の式$i_{\mathrm{cap}} = Cdv/dt$を使い

$$C\frac{dv}{dt} + \frac{\Phi}{L} - i_{ex} = 0 \tag{5.19}$$

と書き換えられる．両辺にvを乗じ，左辺第2項と第3項では，このvを$d\Phi/dt$で置き換えると

$$Cv\frac{dv}{dt} + \frac{\Phi}{L}\frac{d\Phi}{dt} - i_{ex}\frac{d\Phi}{dt} = 0 \tag{5.20}$$

を得る．この両辺をtについて積分すれば，エネルギー保存の式として

$$\frac{1}{2}Cv^2 + \frac{\Phi^2}{2L} - i_{ex}\Phi = 0 \tag{5.21}$$

の関係式が得られる．初期状態（$t = 0$）で$v = 0$とΦ（$= Li_L$）$= 0$であることからこのエネルギー保存の式の右辺の値を0と定めた．ここで，左辺第1項と第2項はそれぞれ，コンデンサとインダクタの蓄えるエネルギーで，第3項は電流源のポテンシャルエネルギーである．これら三つの項の和は時刻によらず常に一定値0を取ることになる．

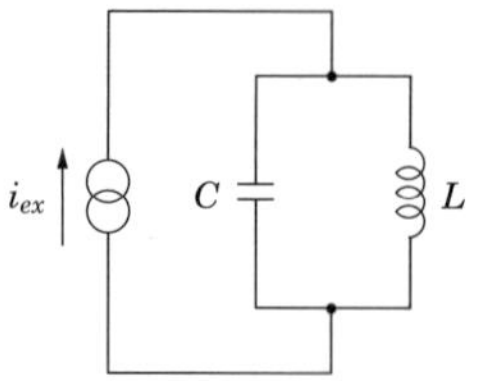

図5.8 電流源でバイアスされたLC並列回路

この電流源を非常に大きなインダクタL_rで置き換えた等価回路で置き換える．インダクタLとコンデンサCの並列回路電流源をつないだ状態で，初期状態（時刻$t = 0$）で，このインダクタLと鎖交する磁束は0であり，等価回路のインダクタL_rと鎖交する磁束はΦ_{r0}と置くことにする．それからt_f秒後の，時刻$t = t_f$では，それぞれΦと$\Phi_{r0} - \Phi$と置くことができる．等価回路のところでも述べたように，等価回路の大きなインダクタL_rの持つ磁気エネルギーは，初期状態での値を基準として0と置くと，時刻$t = t_f$で$-i_{ex}\Phi$になっている．電流源の蓄えているエネルギーが$i_{ex}\Phi$だけ減少しているわけである．

このエネルギー保存の式の左辺の第1項を質点の運動エネルギー，第2項と第3項をポテンシャルエネルギーと読み直し，力学系との対応を取る．電流

保存の式（5.19）を磁束を変数に書くと

$$C\frac{d^2\Phi}{dt^2}=-\frac{\Phi}{L}+i_{ex} \tag{5.22}$$

となる．特にこの式を

$$C\frac{d^2\Phi}{dt^2}=-\frac{d}{d\Phi}\left(\frac{\Phi^2}{2L}-i_{ex}\Phi\right) \tag{5.23}$$

と書き直し，これを質点の運動方程式とみなすわけである．**図5.9**に示すように，横軸方向の座標Φの位置での高さUが

$$U=\frac{\Phi^2}{2L}-i_{ex}\Phi \tag{5.24}$$

である曲面を考える．「コンデンサの容量$C \longleftrightarrow$質点の質量m」，「インダクタの鎖交磁束$\Phi \longleftrightarrow$質点の横方向の位置（x座標）」などの対応により，ポテンシャルエネルギーUの中を動く質量mの質点の運動方程式$md^2x/dt^2=-dU/dx$との類推を考えることができる．

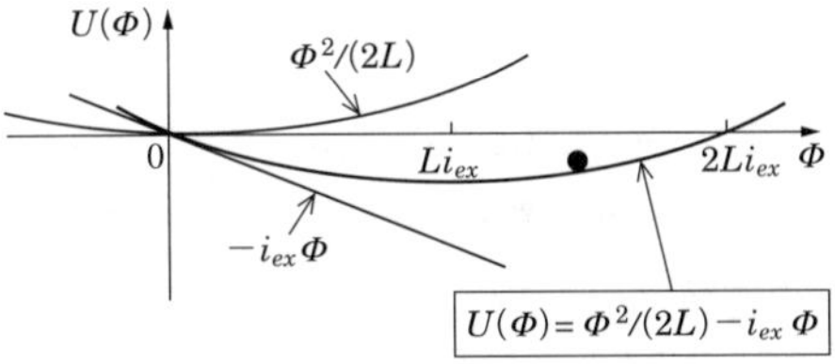

図5.9　電流源でバイアスされたLC並列回路の力学的モデル

ここで考えている「電流源でバイアスされたLC共振回路」の場合，ポテンシャルエネルギーに対応する曲面は$U=(1/2L)\Phi^2-i_{ex}\Phi$であり，「中心軸$\Phi=Li_{ex}$について線対称な放物線の形」によって表される．初期条件として「時刻$t=0$でΦ（$=Li_L$）$=0$である」とすると，対応する力学的モデルで質点は$t=0$で曲面の$\Phi=0$の位置にあることになる．よって，ここで考えている摩擦のない理想的な場合，$t>0$では，$\Phi=Li_{ex}$の位置を中心に質点は単振動する．

次の例として，**図5.10**に示すように天井からばねでつるされた質点の運動を考える．この場合の質点の運動をやはり，曲面上の質点の運動との類推で

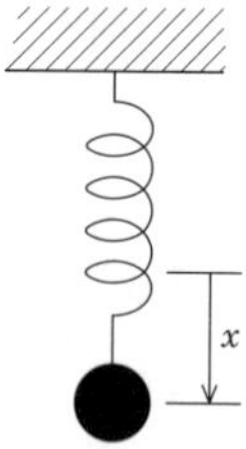

図5.10 天井からばねでつり下げられた質点

考えてみる．このばねでつるされた質点の例で，質点と空気との摩擦などを考えない無損失の場合，その運動は

$$m\frac{d^2x}{dt^2} = -kx + mg \qquad (5.25)$$

で表される．ただし，xはばねの自然長からののびである．ポテンシャルエネルギーUを考え，このポテンシャルエネルギーUで表される場から質点が受ける力が，この右辺の第1項と第2項であるとみなす．このUを

$$U = \frac{1}{2}kx^2 - mgx \qquad (5.26)$$

と置けば，$md^2x/dt^2 = -dU/dx$ と表せる．更に，この$U(x)$を位置xでの曲面の高さとみなすことにより，「垂直下向きの重力を考えて，天井からばねでつるされた質点の垂直向きの運動」と，「垂直下向きの重力を考えた，曲面上の質点の運動」（図5.9）との類推を考えることができる．

以上をまとめると

「電流源でバイアスされたLC共振回路」⇔「天井からばねでつるされた質点の垂直方向の運動」⇔「$y = ax^2 - 2bx$の曲面上の運動」（a, b：正の定数）

の類推が成り立ち，ともに$x = b/a$を中心とした単振動となる．

5.2.4 損失のあるLC並列回路

前項の例で，質点と曲面の間に少しでも摩擦のある場合は，質点の単振動の振幅は徐々に小さくなり，やがて，曲面上の極小点である$\Phi = Li_{ex}$の位置に止まる．仮に質点には速度に比例して摩擦力が働くとすると，その運動方程式は

$$C\frac{d^2\Phi}{dt^2} = -\frac{d}{d\Phi}\left(\frac{\Phi^2}{2L} - i_{ex}\Phi\right) - G\frac{d\Phi}{dt} \qquad (5.27)$$

であり，これに対応する元々の電気回路の方程式は，電流の保存則の形で

$$C\frac{dv}{dt} + \frac{\Phi}{L} - i_{ex} + Gv = 0 \qquad (5.28)$$

であるから，インダクタとコンデンサの並列回路に更に並列に抵抗R（そのコンダクタンスをG（$=1/R$）とする）の成分を考えた場合に相当する．

先ほどの類推から，この電気回路においても，並列抵抗の抵抗値Rが大きい（コンダクタンスG（$=1/R$）の値が小さい）場合は，弱い制動の場合に相当する．インダクタに鎖交する磁束Φは0から始まって，最初$\Phi = Li_{ex}$の値を中心に，振幅Li_{ex}で0と$2Li_{ex}$の間を振動する．徐々にこの振幅は小さくなり，最終的に$\Phi = Li_{ex}$となるわけである．逆に，並列抵抗の抵抗値Rが小さい（コンダクタンスGの値が大きい）ときは，過制動の場合に相当する．このときは，摩擦力が大きいのであるから，インダクタに鎖交する磁束Φは0から始まって，先ほどの弱制動の場合よりゆっくりした速度で，単調に増加し，$\Phi = Li_{ex}$の値に達することになる．

損失のある電気回路に対応する力学的モデルでは，曲面や空気との摩擦などにより「速度に比例する摩擦力」が速度ベクトルとは逆向きに働く場合を考えればよい．この比例定数をGとして，天井からばねでつるされた質点の運動方程式は

$$m\frac{d^2x}{dt^2} = -kx + mg - G\frac{dx}{dt} \tag{5.29}$$

である．空気との摩擦などにより「速度に比例する摩擦力」が働く場合となる．この場合，ポテンシャルエネルギー

$$U = \frac{1}{2}kx^2 - mgx \tag{5.30}$$

を使えば

$$m\frac{d^2x}{dt^2} = -\frac{dU}{dx} - G\frac{dx}{dt} \tag{5.31}$$

と表される．ポテンシャルエネルギーUに対応する曲面$h(x) = U/(mg)$上の質点の運動の場合も同様に，曲面や空気との摩擦などにより「速度に比例する摩擦力」が速度ベクトルとは逆向きに働く場合とみなせば，同じ運動方程式になる．

5.2.5　ジョセフソン接合のポテンシャルエネルギー

この項では電流源につながれたジョセフソン接合の特性をポテンシャルエ

ネルギーを使って考察する．ジョセフソン接合の動特性を，「洗濯板モデル」で考えることにする．ジョセフソン接合に電流値i_{ex}の電流源をつなぐ．バイアスしている電流源の電流i_{ex}を変えた場合の動特性は，次のように扱う．

図5.11に示すように，ジョセフソン接合自体の等価回路としては，$i_j = i_c \sin\gamma$の理想的なジョセフソン接合に加えて，並列に，浮遊容量などの容量成分Cを考える．この等価回路のそれぞれの部分を流れる電流成分をi_j，i_{cap}として接合部を流れる総電流（i_j'と置く）は

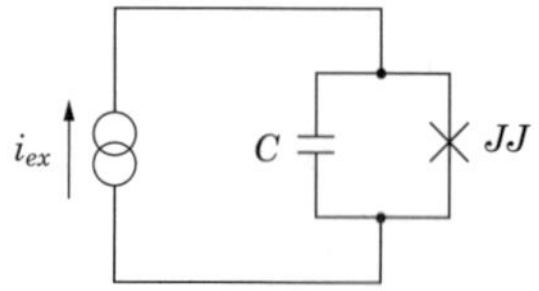

図5.11 電流源でバイアスされた接合の等価回路

$$i_j' = i_j + i_{\mathrm{cap}} \tag{5.32}$$

と表すことができる．ここでは，独立変数を「接合のゲージ不変な位相差γ」にする．この「ゲージ不変な位相差γ」を使うと，第3章で考察したように，接合の両端の電圧vは$v = \{h/(2e)\}d\gamma/dt = \{\Phi_0/(2\pi)\}d\gamma/dt$と表される．この式を使うと，寄生容量$C$を流れる電流$i_{\mathrm{cap}}$は

$$\begin{aligned} i_{\mathrm{cap}} &= C\frac{dv}{dt} \\ &= \frac{C\Phi_0}{2\pi}\frac{d^2\gamma}{dt^2} \end{aligned} \tag{5.33}$$

となる．よって，この等価回路で，接合部に流れる電流i_j'は

$$\begin{aligned} i_j' &= i_j + i_{\mathrm{cap}} \\ &= i_c \sin\gamma + \frac{C\Phi_0}{2\pi}\frac{d^2\gamma}{dt^2} \end{aligned} \tag{5.34}$$

である．電流源の供給する電流i_{ex}と接合を流れる電流i_j'は等しい（$i_{ex} = i_j'$）から

$$i_{ex} = i_c \sin\gamma + \frac{C\Phi_0}{2\pi}\frac{d^2\gamma}{dt^2} \tag{5.35}$$

の関係式が得られる．この式を移項して

$$\frac{C\Phi_0}{2\pi}\frac{d^2\gamma}{dt^2}=i_{ex}-i_c\sin\gamma$$

$$=-\frac{d}{d\gamma}\{-i_{ex}\gamma+i_c(1-\cos\gamma)\} \tag{5.36}$$

と変形し，γを変数とする運動方程式を得る．ポテンシャルエネルギーUで表される場を

$$U=-\frac{i_{ex}\Phi_0}{2\pi}\gamma+\frac{\Phi_0 i_c}{2\pi}(1-\cos\gamma) \tag{5.37}$$

と定めれば

$$C\frac{\Phi_0}{2\pi}\frac{d^2\gamma}{dt^2}=-\frac{2\pi}{\Phi_0}\frac{d}{d\gamma}U \tag{5.38}$$

となる．$\Phi_0\gamma/(2\pi)=x$と置くと

$$C\frac{d^2x}{dt^2}=-\frac{d}{dx}U \tag{5.39}$$

となる．この式は，ポテンシャルエネルギーUで表される斜面に沿って運動する，質量Cの質点の運動方程式になっている．

この両辺にdx/dtを乗じて，時間tについて積分すると，損失がない場合のエネルギー保存の式

$$\frac{1}{2}C\left(\frac{dx}{dt}\right)^2+U=\text{一定} \tag{5.40}$$

若しくは，$x=\Phi_0\gamma/(2\pi)$ と戻して

$$\frac{1}{2}C\left(\frac{\Phi_0}{2\pi}\frac{d\gamma}{dt}\right)^2+U=\text{一定} \tag{5.41}$$

を得る．この式は，任意の時刻において，運動エネルギー（左辺第1項）とポテンシャルエネルギー（左辺第2項）の和が常に一定値を取ることを示している．

この左辺のポテンシャルエネルギーUは式（5.37）に示すように，$U=-\{i_{ex}\Phi_0/(2\pi)\}\gamma+\{\Phi_0 i_c/(2\pi)\}(1-\cos\gamma)$ と二つの項からなり，それぞれ，電流源のポテンシャルエネルギーと接合のエネルギーに対応する．

電流源につながれた接合の平衡点は，エネルギーUが極小のところである．

Uの導関数について$\partial U/\partial\gamma = 0$より，$-i_{ex} + i_c \sin\gamma = 0$である．この条件は，容量に流れる電流を無視したときの電流保存則であるともいえる．直接考える代わりに，ポテンシャルエネルギーUの極小値は，式$y = i_{ex}$のグラフが接合のグラフ$y = i_c \sin\gamma$と交わるところにあると考えてもよい．

電流値i_{ex}が$-i_c < i_{ex} < i_c$を満たす範囲では，二つのグラフは2π周期ごとに2交点を持つ．αを式$i_{ex} = i_c \sin\alpha$を満たす一つの解とする（ただし，$-\pi/2 < \alpha < \pi/2$）．ポテンシャルエネルギーUのグラフは極小値と極大値を交互に持ち，$\gamma = \alpha + 2n\pi$で極小値，$\gamma = \pi - \alpha + 2n\pi$で極大値を取る（$n$は整数）．

電流値i_{ex}が$i_{ex} > i_c$または$i_{ex} < -i_c$を満たすときは，二つのグラフは交わったり，接することがない．すなわち，最初の和のエネルギーUが極小点を持たなくなり，系として安定点がなくなる．実際のジョセフソン接合では，このとき接合が電圧状態になることを意味し，「接合のゲージ不変な位相差γ」は，$i_{ex} > i_c$の場合は時間とともに単調増加，$i_{ex} < -i_c$の場合は単調減少する．

この動特性をより実際の接合に近いモデルで扱うには，理想的なジョセフソン接合と並列に存在する容量に加えて，コンダクタンス成分Gも考える．このモデルはRSJ（Resistively Shunted Junction）モデルと呼ばれる．接合部に流れる電流i_j'は，この場合三つの成分からなり

$$\begin{aligned} i_j' &= i_j + i_{\mathrm{cap}} + i_G \\ &= i_c \sin\gamma + \frac{C\Phi_0}{2\pi}\frac{d^2\gamma}{dt^2} + \frac{G\Phi_0}{2\pi}\frac{d\gamma}{dt} \end{aligned} \tag{5.42}$$

である．このi_j'が電流源の供給する電流i_{ex}に等しく

$$i_{ex} = i_c \sin\gamma + \frac{C\Phi_0}{2\pi}\frac{d^2\gamma}{dt^2} + \frac{G\Phi_0}{2\pi}\frac{d\gamma}{dt} \tag{5.43}$$

の関係式が得られ，この式から

$$\begin{aligned} \frac{C\Phi_0}{2\pi}\frac{d^2\gamma}{dt^2} &= i_{ex} - i_c \sin\gamma - \frac{G\Phi_0}{2\pi}\frac{d\gamma}{dt} \\ &= -\frac{d}{d\gamma}\left[-i_{ex}\gamma + i_c(1-\cos\gamma)\right] - \frac{G\Phi_0}{2\pi}\frac{d\gamma}{dt} \end{aligned} \tag{5.44}$$

と変形する．ポテンシャルエネルギーUで表される場を式（5.37）と同じに

定めれば

$$C\frac{\Phi_0}{2\pi}\frac{d^2\gamma}{dt^2}=-\frac{2\pi}{\Phi_0}\frac{d}{d\gamma}U-G\frac{\Phi_0}{2\pi}\frac{d\gamma}{dt} \tag{5.45}$$

となる．$\Phi_0\gamma/(2\pi)=x$と置くと

$$C\frac{d^2x}{dt^2}=-\frac{d}{dx}U-G\frac{dx}{dt} \tag{5.46}$$

となる．この式も，「波打ったポテンシャルエネルギー曲面Uで表される斜面に沿って運動し，速度に比例した摩擦を受ける，質量Cの質点」の運動方程式になっている．

接合のエネルギーU_Jは，**図5.12**に示すように（$1-\cos\gamma$）に比例する周期関数であり，電流源のポテンシャルエネルギーU_sはγに対して直線のグラフである．これらの和からなるポテンシャルエネルギーUを考え，この波打った洗濯板の形Uでの質点の動きを考えればよいわけである．**図5.13**に電流値i_{ex}をパラメータとした，$U(\gamma)$のグラフを示す．特にこの洗濯板モデルで，電流源の電流値を$t=0$で階段関数的に0からi_0（>0）に増加すると，ポテンシャルの形$U(\gamma)$の原点のところは動かない．接合のエネルギーの形そのもののいわば「水平な洗濯板」から，これに電流源のポテンシャルエネルギーが加わり，「右下がりの洗濯板」の形となる．

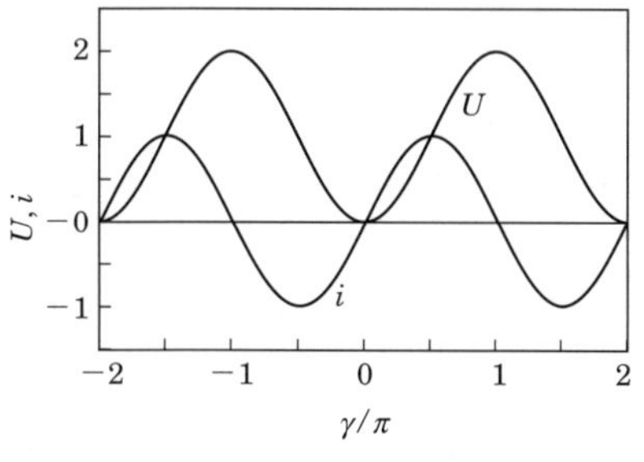

図5.12　接合の電流iとポテンシャルエネルギーUの位相特性はそれぞれ$\sin\gamma$と$1-\cos\gamma$の形である

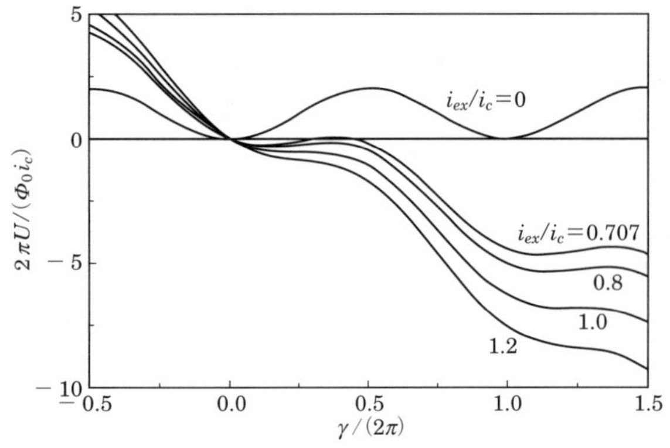

図5.13 電流源でバイアスされた接合のポテンシャルエネルギー（バイアス電流をパラメータとする）

（a）$-i_c < i_{ex} < i_c$の場合　$-i_c < i_{ex} < i_c$では，このi_{ex}の値に対して$i_{ex} = \sin\alpha$を満たす値αが存在する．この値$\gamma = \alpha$においてポテンシャルUは極値を取る．図5.13から分かるように，この洗濯板の形のグラフUでは極小と極大が交互に現れる．

電流源の電流値が$t = 0$で理想的に階段関数で0からi_{ex}（>0）に増加することを考える．まず，Gが大きく，いわゆる過制動の条件で考える．洗濯板モデルで，質点と洗濯板との摩擦が大きい場合である．$t = 0$の前後でγの値は連続と考えてよい．$t < 0$で質点が$\gamma = 0$にあったとすると，電流がステップ的に増加した直後にやはり質点は$\gamma = 0$にある．$t > 0$で質点は$\gamma = 0$から右にすべり出し，摩擦が大きいから，γの値は徐々に単調増加し，Uの極小点に至る．

Gの値が小さくなると，最初の極小点に対する制動条件は「過制動」の条件から，「弱制動」の条件へと変わっていく．「弱制動」の条件下になると，γの値は少なくとも一度は最初の極小点を超える．そののち振動して，最終的に極小点に落ち着く．注意しなければならないのは，$-i_c < i_{ex} < i_c$であっても比較的i_{ex}が大きく$\gamma > 0$の領域で常に$U < 0$となる場合である．この場合，「弱制動」の条件下で更にGが小さくなっていくと，質点は，最初の極小点の右にある極大点を超えることになる．この極大点を超えると，更に右にある

極大点はより低いものであるから，質点はずっと右下方向にすべり落ち，γの値は単調増加していくことになる．γの時間微分に電圧は比例するので，このとき接合は電圧状態になる．

（b）$i_{ex} > i_c$の場合　$i_{ex} > i_c$の場合は，極小点はなくなるので，質点は右下のほうへと落ち続けることになり，γの値は単調増加していくことになる．γの時間微分に電圧は比例し，正の電圧状態となる．

（c）$i_{ex} < -i_c$の場合　$i_{ex} < -i_c$の場合も，極小点はなくなり，質点は左下のほうへと落ち続け，γの値は単調減少していく．質点は低いほうへと落ち続けることになる．この場合もγの時間微分に電圧は比例し，接合は負の電圧状態となる．

5.3　rf-SQUIDの特性

5.3.1　電流注入形のrf-SQUID

5.1節では，SQUIDになっている円筒形超伝導体にソレノイドコイルを巻くという，「磁気結合形」の場合を説明してきた．この「磁気結合形」では，電流源はソレノイドコイルに電流を流し，円筒形超伝導体の外側に一様な磁界をつくる．このとき，ソレノイドコイルによりつくられた磁界が超伝導体に入り込まないように，このi_{ex}に相当する電流が円筒形超伝導体の外側に流れることにより，間接的にi_{ex}の大きさの電流が円筒形超伝導体の外側表面に生じる．

一方で，接合の両端のところに電流源を直接つないで「電流注入形」でSQUIDを駆動する方法もある．二つの方法は結局，本質的には同じであるが，この「電流注入形のSQUID」について，動作を見てみよう．**図5.14**に示すように，細長い円筒形のSQUIDを考える．円筒形超伝導体SQUIDの接合部も軸（z軸）方向にのびているので，この接合につなぐ電

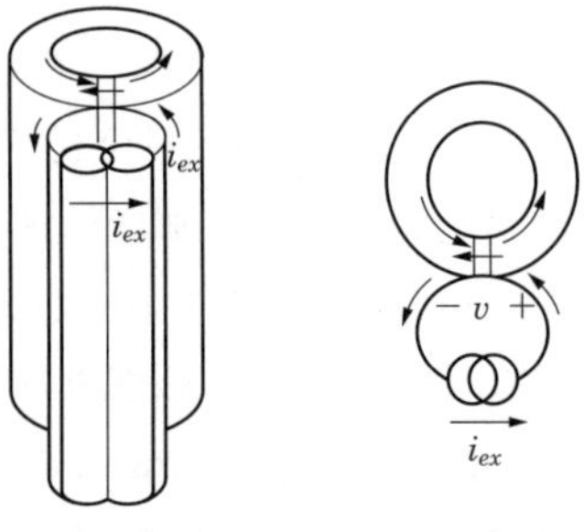

（a）帯状の電流源　（b）上から見た図

図5.14　帯状の電流を供給する電流源で一様にバイアスされた円筒形のSQUID

流源は，超伝導体の「ある一点に」電流を注入し，別の「ある一点から」電流を引き抜くのではなく，図5.14に示すように，接合部の端に一様で「線状」に電流を注入し，接合部の別端から「線状」に電流を引き抜くと考えるとよい．rf-SQUIDに接続した電流源は，接合の両端に，z軸方向に単位長さ当たりi_{ex}の電流密度の電流を供給することになる．

これら二つの方式で，キルヒホッフの電流則，接合の電流とゲージ不変な位相差γの関係式，鎖交磁束とγの関係式などの基本式は同じである．以下，「電流注入形」のモデルで考えることにする．

5.3.2　rf-SQUIDを流れる電流

5.1節で調べたことをもとに，目的であるrf-SQUIDの構造についてより詳しく調べることにする．

図5.14に示したように，接合部の両端に電流を直接注入する方式を取り，その値をi_{ex}とする．円筒の穴の中の磁束をΦと置く．円筒の内側表面を円筒の上から見て反時計方向にi，接合部を時計方向にi_jだけ超伝導電流が流れるとする．接合のジョセフソン電流の臨界値をi_cとする．ただし，これらの電流値は，円筒の対称軸方向に単位長さ当たりのものとする（電流の単位はA/mとなる）．ここで，キルヒホッフの電流則を考えると，等価回路の**図5.15**に示すように

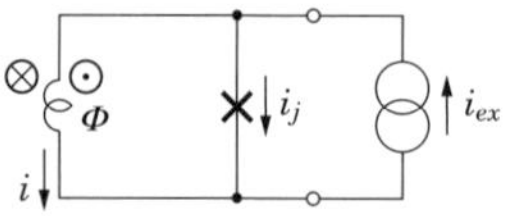

図5.15　電流源をつないだrf-SQUID（rf-SQUIDはインダクタと接合で構成される）

$$i_{ex} = i + i_j \tag{5.47}$$

である．

ソレノイドコイルが単位長さ当たりnターン巻いてあるとすれば，超伝導体の内側表面の磁界の強さは軸方向上向きに$H = i$，磁束密度で考えるとその大きさBは$B = \mu_0 i$である．超伝導体への磁束の侵入を小さいとして無視すれば，穴に鎖交している磁束Φは$\Phi = \pi a^2 \mu_0 i$である．磁束Φは電流iに比例し，$\Phi = Li$と置くと$L = \mu_0 \pi a^2$である．

5.3.3　rf-SQUIDの鎖交磁束と接合の位相差

図5.16に示すrf-SQUIDの構造を考える．接合部のすぐ下の超伝導体内に点a，接合部のすぐ上の超伝導体内に点bを取る．前の4.2節と同じ定義で，

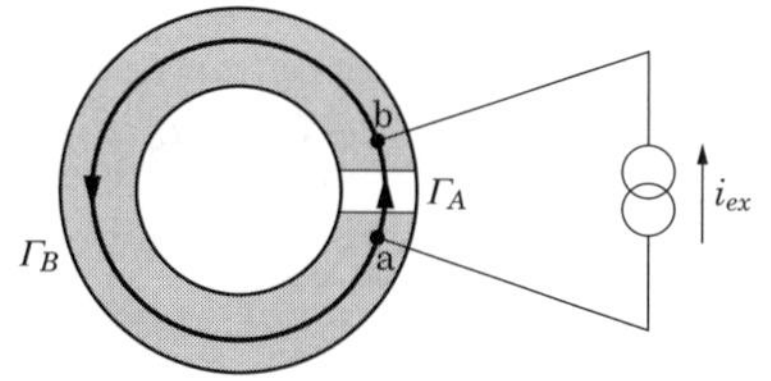

図5.16　電流源をつないだrf-SQUIDの断面

点aを出発して接合部を下から上に通り抜け最短で点bに至る経路をΓ_A，点bから超伝導体ループ内部を通り，穴のまわりをぐるっと回って，点aに至る経路をΓ_Bと置く．3.2節では経路Γ_Aは単なるギャップを横断していたのであるが，この節では，このギャップがジョセフソン接合になっている点が相違点である．

超伝導体の表面からロンドンの進入長よりも離れた超伝導体の十分内部において，この経路Γ_Bを考える．このΓ_Bに沿って超伝導電流は流れていないので

$$\nabla\theta+\frac{2e}{\hbar}\boldsymbol{A}=0 \tag{5.48}$$

が成り立ち

$$\int_{\Gamma_B}\left(\nabla\theta+\frac{2e}{\hbar}\boldsymbol{A}\right)\cdot d\boldsymbol{s}=0 \tag{5.49}$$

である．θ(a)，θ(b) を使えば

$$\theta(\mathrm{a})-\theta(\mathrm{b})+\frac{2e}{\hbar}\int_{\Gamma_B}\boldsymbol{A}\cdot d\boldsymbol{s}=0 \tag{5.50}$$

となる．

経路Γ_Aに沿ってのゲージ不変な位相差をγと置くと，点bから点aの向きに接合部を流れる電流i_jは

$$i_j=i_c\sin\gamma \tag{5.51}$$

と表すことができた．このΓ_Aに沿ってのゲージ不変な位相差γは

$$\gamma=\theta(\mathrm{b})-\theta(\mathrm{a})+\frac{2e}{\hbar}\int_{\Gamma_A}\boldsymbol{A}\cdot d\boldsymbol{s} \tag{5.52}$$

と表される．θ(a)，θ(b) はそれぞれ点a，点bでのオーダパラメータの位相であり，θ(b) − θ(a) は，上で述べた超伝導体内の経路Γ_Bに沿って少しずつ場所をずらしながら，オーダパラメータから位相への対応を考えていくことにより求められる．更に，電磁界のベクトルポテンシャル$\boldsymbol{A}$の経路$\Gamma_A+\Gamma_B$に沿っての線積分は，穴を1周するこの閉じたループ$\Gamma_A+\Gamma_B$と鎖交する磁束$\boldsymbol{\Phi}$

に等しいので

$$\int_{\Gamma_A} \mathbf{A} \cdot d\boldsymbol{s} + \int_{\Gamma_B} \mathbf{A} \cdot d\boldsymbol{s} = \boldsymbol{\Phi} \tag{5.53}$$

であり

$$\gamma = \frac{2e}{\hbar} \boldsymbol{\Phi} \tag{5.54}$$

と対応するとしてよい．接合を貫く経路Γ_Aに沿っての「ゲージ不変な位相差γ」は，SQUIDの穴に鎖交する磁束$\boldsymbol{\Phi}$の（$2e/\hbar$）倍に等しいことになる．

5.3.4　rf-SQUIDの静特性（ヒステリシスのある場合とない場合）

キルヒホッフの電流則$i_{ex} = i + i_j$の両辺にインダクタンスLを乗じて，以上で求めた，接合の電流とゲージ不変な位相差γの関係式（5.51）と，磁束$\boldsymbol{\Phi}$とγの関係式（5.54）を代入すると

$$Li_{ex} = Li + Li_c \sin\gamma \tag{5.55}$$

を得る．実際に超伝導体ループに鎖交する磁束$\boldsymbol{\Phi}$は$\boldsymbol{\Phi} = Li$と表せる．磁束$\boldsymbol{\Phi}_{ex}$を$\boldsymbol{\Phi}_{ex} = Li_{ex}$により定義する．この磁束$\boldsymbol{\Phi}_{ex}$は「接合部に電流が流れない$i_0 = 0$の場合に，電流$i_{ex}$により超伝導体ループに鎖交する磁束」と考えることもできる．このrf-SQUIDの関係式はこの$\boldsymbol{\Phi}$と$\boldsymbol{\Phi}_{ex}$を使うと

$$\boldsymbol{\Phi}_{ex} = \boldsymbol{\Phi} + Li_c \sin\left(2\pi \frac{\boldsymbol{\Phi}}{\boldsymbol{\Phi}_0}\right) \tag{5.56}$$

と書くこともできる．

（a）$|2\pi Li_c/\boldsymbol{\Phi}_0| < 1$の場合　　上の式（5.56）を$\boldsymbol{\Phi}$で微分すると

$$\frac{d\boldsymbol{\Phi}_{ex}}{d\boldsymbol{\Phi}} = 1 + \frac{2\pi Li_c}{\boldsymbol{\Phi}_0} \cos\left(\frac{2\pi\boldsymbol{\Phi}}{\boldsymbol{\Phi}_0}\right) \tag{5.57}$$

を得る．関数cosは-1から1までの範囲の値を取るから，$|2\pi Li_c/\boldsymbol{\Phi}_0| < 1$のときは右辺は常に正である．$d\boldsymbol{\Phi}_{ex}/d\boldsymbol{\Phi}$も常に正であることになり，$\boldsymbol{\Phi}$に対しては$\boldsymbol{\Phi}_{ex}$は単調増加する．この場合，まず電流源で電流$i_{ex}$を流すと，$\boldsymbol{\Phi}_{ex}$が$\boldsymbol{\Phi}_{ex} = Li_{ex}$で決まり，それに対して，「超伝導体ループに鎖交する磁束$\boldsymbol{\Phi}$」が一通りに定まることになる．

「接合のゲージ不変な位相差γ」と「超伝導体ループに鎖交する磁束$\boldsymbol{\Phi}$」の間には$\gamma/(2\pi) = \boldsymbol{\Phi}/\boldsymbol{\Phi}_0$の比例関係式が成り立っていて，$\gamma$を$2\pi$で割った値と

Φ を Φ_0 で割った値は等しい．2π を単位としたゲージ不変な位相差 γ と，Φ_0 を単位とした磁束 Φ は等しいと言い換えることもできる．以下，場合により γ または Φ の都合の良いほうを独立変数とする．Φ_{ex} の γ 依存性は

$$\Phi_{ex} = \Phi + Li_c \sin\left(\frac{2\pi\Phi}{\Phi_0}\right) = \frac{\Phi_0\gamma}{2\pi} + Li_c \sin\gamma \qquad (5.58)$$

である．**図5.17**には具体的に $2\pi Li_c/\Phi_0 = 1/2$ の場合について示す．図5.17

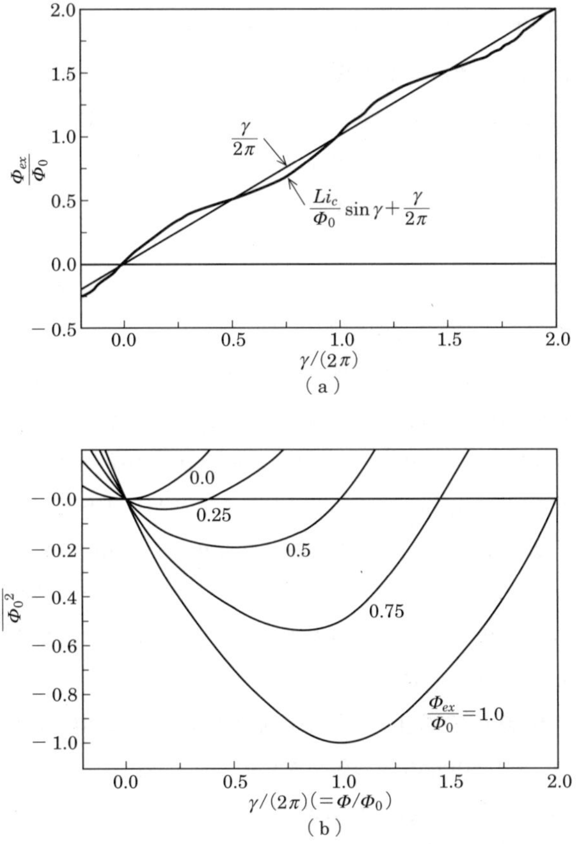

図5.17　rf-SQUIDの（a）Φ_{ex} の位相 γ 特性と（b）ポテンシャルエネルギー U の位相 γ 特性（$2\pi Li_c/\Phi_0 = 1/2$ の場合）

(a) が式 (5.58) の Φ_{ex}-γ特性である．図5.17 (b) のポテンシャルエネルギーUのγ依存性 (U-γ特性) については，5.4節で説明する．

Φ_{ex}が$0 < \Phi_{ex} < \Phi_0/2$の範囲の値を取る場合，$\sin(2\pi\Phi/\Phi_0)$ $(=\sin\gamma)$ は正で，Φ_{ex}よりは小さな磁束Φが実際にSQUIDの超伝導体ループに鎖交することが分かる．$\Phi_0/2 < \Phi_{ex} < \Phi_0$の範囲では$\sin(2\pi\Phi/\Phi_0)$ $(=\sin\gamma)$ は負で，Φ_{ex}より大きな磁束Φが実際に鎖交することが分かる．Φ_{ex}が$\Phi_{ex} < 0$及び$\Phi_{ex} > \Phi_0$の領域でも，Φ_0の周期でこの現象が繰り返される．すなわち，nを整数として，$n\Phi_0 < \Phi_{ex} < (n+1/2)\Phi_0$の範囲では$\Phi_{ex}$より小さな磁束$\Phi$が実際にSQUIDの超伝導体ループに鎖交する．$(n+1/2)\Phi_0 < \Phi_{ex} < (n+1)\Phi_0$の範囲では$\Phi_{ex}$より大きな磁束$\Phi$がSQUIDの超伝導体ループに鎖交する．

(b) $|2\pi Li_c/\Phi_0| > 1$の場合　次に，Li_c/Φ_0の値が大きくなり，$2\pi Li_c/\Phi_0 > 1$となると事情が異なる．Φ_{ex}の値によっては，一つのΦ_{ex}に対して，Φの値の候補が二通り以上あることになる．例として，$2\pi Li_c/\Phi_0 = 2$のときを具体的に考える．Φ_{ex}を縦軸に，「ゲージ不変な位相差γ」を横軸にグラフを書くと，**図5.18**となる．図5.18 (a) が$2\pi Li_c/\Phi_0 = 2$の場合のΦ_{ex}-γ特性である．図5.18 (b) のポテンシャルエネルギーのγ依存性 (U-γ特性) については，やはり5.4節で説明する．

$2\pi Li_c/\Phi_0 = 2$の場合に，電流源で$\Phi_{ex} = \Phi_0/2$となるまで電流を流したときのrf-SQUIDの状態を調べてみる．このときΦがいくらになるかは，式(5.58) の曲線のグラフと$\Phi_{ex} = \Phi_0/2$の水平な直線のグラフとの交点を調べればよい．この交点は3点ある．その交点での$\gamma/(2\pi)$ の値は約0.20，0.50，約0.80であり，Φの値はそれぞれ$0.20\Phi_0$，$0.50\Phi_0$，$0.80\Phi_0$である．実際に実現するのは$0.20\Phi_0$若しくは$0.80\Phi_0$である．$\Phi = 0.50\Phi_0$は後で述べるように不安定な点であり，実現しない．この電流源で，$\Phi_{ex} = \Phi_0/2$となるまで電流を流したときの$\Phi = 0.20\Phi_0$と$\Phi = 0.80\Phi_0$の場合について調べる．

(i) $\Phi = 0.20\Phi_0$の場合　外から加えた電流i_{ex}は超伝導体ループ内側表面を流れて$\Phi_{ex} = 0.50\Phi_0$の分の磁束をつくるのに対して，循環電流が超伝導体ループ内側表面を電流i_{ex}とは逆方向に流れてΦ_{ex}とは逆の磁束をつくり，$0.30\Phi_0$の分だけ打ち消して，実際に鎖交する磁束は$0.20\Phi_0$ $(=0.50\Phi_0 - 0.30\Phi_0)$ になっている．

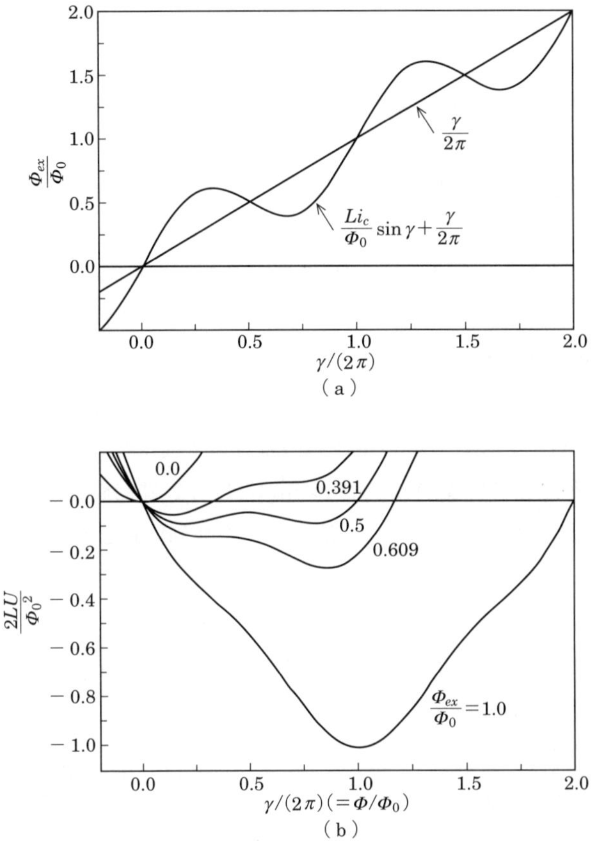

図5.18　rf-SQUIDの（a）Φ_{ex}の位相γ特性と（b）ポテンシャルエネルギーUの位相γ特性（$2\pi Li_c/\Phi_0=2$の場合）

（ii）$\Phi=0.80\Phi_0$の場合　　外から加えた電流i_{ex}は超伝導体ループ内側表面を流れて$\Phi_{ex}=0.50\Phi_0$の分の磁束をつくるのに対して，循環電流が超伝導体ループ内側表面をi_{ex}と同じ方向に流れて，Φ_{ex}と同じ向きの$0.30\Phi_0$の分の磁束をつくり出すので，加え合わさり，実際に鎖交する磁束は$0.80\Phi_0$（$=0.50\Phi_0+0.30\Phi_0$）になっている．

5.4 rf-SQUIDの動特性

5.4.1 rf-SQUID（損失成分のない場合）の解析

これまで，LC共振回路や単接合をエネルギーを使っていわゆる「洗濯板モデル」で解析したのと同様に，SQUIDの場合も，等価回路を求め，そのエネルギーを扱うことにより，「洗濯板モデル」によりその特性（静特性と動特性）を扱うことができる．例えば，SQUIDのポテンシャルエネルギーを求めることができ，このポテンシャルエネルギーが極小となる条件から，SQUIDの安定状態を解析できるわけである．

この項では，rf-SQUIDの動特性を，「洗濯板モデル」で考えることにする．rf-SQUIDをバイアスしている電流源の電流i_{ex}を変えた場合の動特性は，次のように扱う．動特性を考慮したrf-SQUIDの等価回路を考える場合，**図5.19**に示すように，ジョセフソン接合自体の等価回路としては，$i_j = i_c \sin\gamma$の理想的なジョセフソン接合に加えて，並列に，接合の容量成分Cを考えるとよい．この等価回路の理想的なジョセフソン接合とその並列容量のそれぞれの部分を流れる電流成分をi_j，i_{cap}として接合部を流れる総電流（$i_j{}'$と置く）は

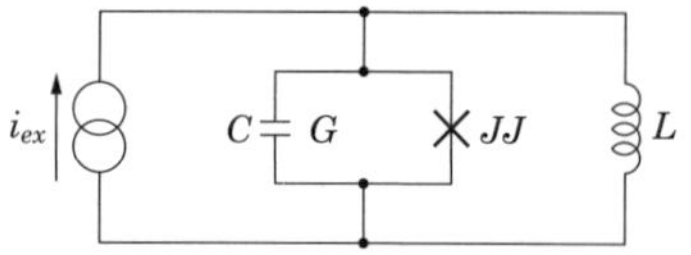

図5.19 rf-SQUIDの等価回路（接合部の容量成分を考慮）

$$i_j{}' = i_j + i_{\mathrm{cap}} \tag{5.59}$$

と表すことができる．ここで考えるrf-SQUIDの等価回路でrf-SQUIDの状態を表す独立変数は一つあればよい．ここでは，rf-SQUIDの状態を表す独立変数を「接合のゲージ不変な位相差γ」にする．この「ゲージ不変な位相差γ」を使うと，接合の両端の電圧vは

$$v = \frac{\Phi_0}{2\pi}\frac{d\gamma}{dt} \tag{5.60}$$

となる．この式を使い，浮遊容量Cを流れる電流i_{cap}は

$$i_{\text{cap}} = C\frac{dv}{dt}$$

$$= \frac{C\Phi_0}{2\pi}\frac{d^2\gamma}{dt^2} \tag{5.61}$$

と表される．よって，この等価回路で，接合部に流れる電流i_j'は

$$i_j' = i_j + i_{\text{cap}}$$

$$= i_c \sin\gamma + \frac{C\Phi_0}{2\pi}\frac{d^2\gamma}{dt^2} \tag{5.62}$$

である．接合部の上の点での電流の保存則から，電流源の供給する電流i_{ex}とインダクタを流れる電流i，この接合を流れる電流i_j'の間には

$$i_{ex} - i - i_j' = 0 \tag{5.63}$$

の関係がある．インダクタを構成する超伝導体はロンドンの侵入長に比べて十分厚いとする．これまでにも述べたように，そのインダクタンスと流れる電流の積LiはSQUIDの穴に鎖交する磁束Φに等しい．また，接合を直接横切る経路C_Aに沿っての「ゲージ不変な位相差γ」は，SQUIDの穴に鎖交する磁束Φ（$=Li$）の$2\pi/\Phi_0$倍に等しく，$\gamma = 2\pi Li/\Phi_0$である．この式より，インダクタを流れる電流iをこの「ゲージ不変な位相差γ」を使い表すと

$$i = \frac{\Phi_0}{2\pi L}\gamma \tag{5.64}$$

となる．以上の式から

$$i_{ex} = \frac{\Phi_0}{2\pi L}\gamma + i_c \sin\gamma + \frac{C\Phi_0}{2\pi}\frac{d^2\gamma}{dt^2} \tag{5.65}$$

の関係式が得られる．この式を

$$\frac{C\Phi_0}{2\pi}\frac{d^2\gamma}{dt^2} = i_{ex} - \frac{\Phi_0}{2\pi L}\gamma - i_c \sin\gamma \tag{5.66}$$

と移項し，両辺に$\Phi_0/(2\pi)$を乗じて

$$\frac{C\Phi_0}{2\pi}\frac{d^2\gamma}{dt^2} = -\frac{d}{d\gamma}\left[-i_{ex}\gamma + \frac{\Phi_0}{4\pi L}\gamma^2 + i_c(1-\cos\gamma)\right] \tag{5.67}$$

と変形し，γを変数とする運動方程式を得る．ポテンシャルエネルギーUで

表される場を

$$U=-\frac{i_{ex}\Phi_0}{2\pi}\gamma+\frac{1}{2L}\left(\frac{\Phi_0}{2\pi}\gamma\right)^2+\frac{\Phi_0 i_c}{2\pi}(1-\cos\gamma) \tag{5.68}$$

と定めれば

$$C\frac{\Phi_0}{2\pi}\frac{d^2\gamma}{dt^2}=-\frac{2\pi}{\Phi_0}\frac{d}{d\gamma}U \tag{5.69}$$

となる．$\Phi_0\gamma/(2\pi)=x$ と置くと

$$C\frac{d^2x}{dt^2}=-\frac{d}{dx}U \tag{5.70}$$

となる．この式は，ポテンシャルエネルギー U で表される斜面に沿って運動する，質量 C の質点の運動方程式になっている．

この両辺に dx/dt を乗じて，時間 t について積分すると，損失がない場合のエネルギー保存の式

$$\frac{1}{2}C\left(\frac{dx}{dt}\right)^2+U=一定 \tag{5.71}$$

若しくは，$x=\Phi_0\gamma/(2\pi)$ と戻して

$$\frac{1}{2}C\left(\frac{\Phi_0}{2\pi}\frac{d\gamma}{dt}\right)^2+U=一定 \tag{5.72}$$

を得る．この式は，任意の時刻において，運動エネルギー（左辺第1項）とポテンシャルエネルギー（左辺第2項）の和が常に一定値を取ることを示している．

この左辺のポテンシャルエネルギー U の項は式（5.68）の示すように，$-\{i_{ex}\Phi_0/(2\pi)\}\gamma, \{\Phi_0{}^2/(8\pi^2L)\}\gamma^2, \{\Phi_0 i_c/(2\pi)\}(1-\cos\gamma)$ の三つの項からなり，それぞれ電流源のポテンシャルエネルギー，インダクタのエネルギー及び，接合のエネルギーに対応する．「ゲージ不変な位相差 γ」は，SQUIDの穴に鎖交する磁束 Φ の $2e/\hbar$ $(=2\pi/\Phi_0)$ 倍に等しいので，既に第2章で述べたように，電流源のポテンシャルエネルギー $-\{i_{ex}\Phi_0/(2\pi)\}\gamma$ は $-i_{ex}\Phi$ と書くこともできる．

5.4.2 損失成分を考慮した場合のrf-SQUIDの解析

前項の損失のない理想的な取扱いに対して，この項では損失成分も考えた

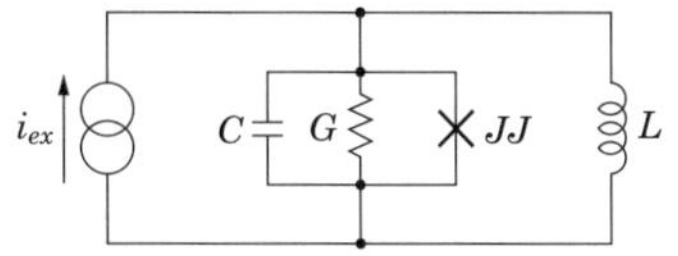

図5.20　rf-SQUIDの等価回路（接合部の容量成分と損失成分を考慮）

場合を述べる．**図5.20**に示すように，理想的ジョセフソン接合と並列に，容量Cとコンダクタンス分Gを考えるRSJモデルを使うことにする．接合の電圧vは式(5.60)の$v=\{\Phi_0/(2\pi)\}d\gamma/dt$で表され，コンダクタンス$G$を流れる電流$i_G$は$i_G=Gv$より

$$i_G=\frac{G\Phi_0}{2\pi}\frac{d\gamma}{dt} \tag{5.73}$$

である．よって，接合部に流れる電流$i_j{}'$は，このコンダクタンスGを流れる電流も合わせて

$$\begin{aligned} i_j{}' &= i_j+i_{\mathrm{cap}}+i_G \\ &= i_c\sin\gamma+\frac{C\Phi_0}{2\pi}\frac{d^2\gamma}{dt^2}+\frac{G\Phi_0}{2\pi}\frac{d\gamma}{dt} \end{aligned} \tag{5.74}$$

となる．接合部の上の点での電流の保存則から，電流源の供給する電流i_{ex}とインダクタを流れる電流i，この接合を流れる電流$i_j{}'$の間には$i_{ex}=i+i_j{}'$の関係がある．よって

$$i_{ex}=\frac{\Phi_0}{2\pi L}\gamma+i_c\sin\gamma+\frac{C\Phi_0}{2\pi}\frac{d^2\gamma}{dt^2}+\frac{G\Phi_0}{2\pi}\frac{d\gamma}{dt} \tag{5.75}$$

の関係式が得られ，この式から

$$\frac{C\Phi_0}{2\pi}\frac{d^2\gamma}{dt^2}=i_{ex}-\frac{\Phi_0}{2\pi L}\gamma-i_c\sin\gamma-\frac{G\Phi_0}{2\pi}\frac{d\gamma}{dt} \tag{5.76}$$

と変形することにより，γを変数とする運動方程式が得られる．ポテンシャルエネルギーUで表される場を

$$U=-\frac{i_{ex}\Phi_0}{2\pi}\gamma+\frac{1}{2L}\left(\frac{\Phi_0}{2\pi}\gamma\right)^2+\frac{\Phi_0 i_c}{2\pi}(1-\cos\gamma) \tag{5.77}$$

と定めれば

$$\frac{C\Phi_0}{2\pi}\frac{d^2\gamma}{dt^2}=-\frac{2\pi}{\Phi_0}\frac{d}{d\gamma}U-\frac{G\Phi_0}{2\pi}\frac{d\gamma}{dt} \tag{5.78}$$

となる．$\Phi_0\gamma/(2\pi)=x$と置くと

$$C\frac{d^2x}{dt^2}=-\frac{d}{dx}U-G\frac{dx}{dt} \tag{5.79}$$

となる．この式は，「ポテンシャルエネルギーUで表される斜面に沿って運動し，速度に比例した摩擦を受ける，質量Cの質点の運動方程式」になっている．

コンダクタンスGを考え，損失のある場合は，エネルギー保存の式として

$$\frac{1}{2}C\left(\frac{dx}{dt}\right)^2+U+\int_0^{t_f}G\left(\frac{dx}{dt}\right)^2dt=一定 \tag{5.80}$$

若しくは変数をγに戻して

$$\frac{1}{2}C\left(\frac{\Phi_0}{2\pi}\frac{d\gamma}{dt}\right)^2+U+\int_0^{t_f}G\left(\frac{\Phi_0}{2\pi}\frac{d\gamma}{dt}\right)^2dt=一定 \tag{5.81}$$

を得ることができる．ただし，ここでは，時刻$t=0$のエネルギーを基準とし，時刻$t=t_f$において考えている．この式の左辺第1項は$t=t_f$での質点の運動エネルギー，第2項は$t=t_f$でのポテンシャルエネルギーであり，第3項は時刻$t=0$から$t=t_f$までにコンダクタンスGで熱になったエネルギーである．右辺の（定数）の値は，時刻$t=0$での運動エネルギーとポテンシャルエネルギーの和に等しいと考えることができる．

5.5 rf-SQUIDのポテンシャルエネルギー

この節では，rf-SQUIDのポテンシャルエネルギーを使い，その特性を見ていく．既に，5.3.4項で述べたことと一部重複する部分もあるが，SQUIDの動作は基本的で，大切なところであり，ポテンシャルエネルギーを考えることにより，より理解が深まる．

5.5.1 $2\pi Li_c<\Phi_0$を満たす場合のrf-SQUIDのバイアス電流-鎖交磁束特性

rf-SQUIDのポテンシャルエネルギーUの曲面の形は，$\{\Phi_0{}^2/(8\pi^2L)\}\gamma^2$で定まる放物線形曲面に$\{\Phi_0i_c/(2\pi)\}(1-\cos\gamma)$の項による周期的凸凹を加えたものとみなすことができよう．まず，接合の臨界電流値i_cの値が小さく$2\pi Li_c<\Phi_0$を満たす範囲について考える．グラフ$U(\gamma)$の導関数を考えて傾きを調べることにより，ポテンシャルエネルギーUの形を考えることができる．

このポテンシャルエネルギーUの$\gamma=\gamma_A$の点がrf-SQUIDの平衡状態であるための条件は，$\gamma=\gamma_A$で$dU/d\gamma=0$でかつ$d^2U/d\gamma^2>0$を満たすことである．

以下，$U(\gamma)$ を$\Phi_0{}^2/(2L)$ で正規化して$\{2L/(\Phi_0{}^2)\}U(\gamma)$ で表示する．$\{2L/(\Phi_0{}^2)\}U(\gamma)$ の導関数は

$$\frac{2L}{\Phi_0^2}\frac{dU}{d\gamma}=-\frac{Li_{ex}}{\pi\Phi_0}+\frac{Li_c}{\pi\Phi_0}\sin\gamma+\frac{\gamma}{2\pi^2}$$

$$=\frac{L}{\pi\Phi_0}\left\{-i_{ex}+i_c\sin\gamma+\frac{\Phi_0\gamma}{2\pi L}\right\} \tag{5.82}$$

と表される．$dU/d\gamma=0$より導かれる

$$-i_{ex}+i_c\sin\gamma+\frac{\Phi_0\gamma}{2\pi L}=0 \tag{5.83}$$

は，接合部の容量Cに流れる電流とコンダクタンスGに流れる電流を無視した場合の，電流の保存則である．ここで，$y_1=(Li_c/\Phi_0)\sin\gamma+\gamma/(2\pi)$，$y_2=Li_{ex}/\Phi_0$（$=\Phi_{ex}/\Phi_0$）と置くと，$(2L/\Phi_0{}^2)dU/d\gamma=y_1-y_2$と表される．グラフ$U$は$y_1-y_2=0$のとき，極値を取る．この等式$y_1-y_2=0$を考える代わりに，横軸$\gamma$-縦軸$y$として，曲線のグラフ$y_1=(Li_c/\Phi_0)\sin\gamma+\gamma/(2\pi)$ と，水平な直線$y_2=\Phi_{ex}/\Phi_0$との交点を考えてもよい．$dy_1/d\gamma=(Li_c/\Phi_0)\cos\gamma+1/(2\pi)$ より，$2\pi Li_c<\Phi_0$を満たす場合は常に，$dy_1/d\gamma>0$であり，グラフy_1は単調増加のグラフとなる．このためグラフy_1と水平な直線のグラフy_2は，常に1点（この点の座標を$\gamma=\gamma_1$と置く）で交わる．$\gamma<\gamma_1$で$dU/d\gamma<0$であり，$\gamma=\gamma_1$で$dU/d\gamma=0$，$\gamma>\gamma_1$で$dU/d\gamma>0$であるので，Uのグラフは，常に極小値をただ一つだけ持つ，下に凸のグラフとなる．

ここで，SQUIDに鎖交する磁束Φと接合のゲージ不変な位相差γの間には$\Phi/\Phi_0=\gamma/(2\pi)$ の関係式があるので，以下，場合に応じてΦからγに，若しくはγからΦに変換して考えてほしい．

LC共振回路の場合と同様，ステップ関数的に電流が変化する電流源をこのrf-SQUIDにつなぐことを次に考える．最初$t<0$では，電流源の流す電流は0とする．この$t<0$では$\Phi_{ex}/\Phi_0=0$で，ポテンシャルエネルギーの曲面Uは$(2L/\Phi_0{}^2)U=\{\gamma/(2\pi)\}^2+\{Li_c/(\pi\Phi_0)\}(1-\cos\gamma)$ である．$t=0$で電流源の流す電流を，ステップ関数的に0からi_1（>0）に増加させる．これに対応して，

ポテンシャルエネルギーの曲面Uは $(2L/\Phi_0^2)U=\{\gamma/(2\pi)\}^2+\{Li_c/(\pi\Phi_0)\}\times(1-\cos\gamma)-\{Li_1/(\pi\Phi_0)\}\gamma$になる．$2\pi Li_c<\Phi_0$を満たす範囲では$U$の形は接合のエネルギーによる凸凹が小さく，$LC$共振回路の場合のポテンシャルエネルギーと形が似ていて，放物線状である．最初$t<0$で，電流源の流す電流は0で，質点は$\gamma=0$に位置していた，すなわちインダクタの鎖交磁束は0であったとする．電流源の値がステップ関数的に変わった直後にも，質点は$\gamma=0$にあることになる．$t>0$でポテンシャルエネルギーが0となる点は二つあり，一つは$\gamma=0$の点であり，もう一つの点のγ座標を$\gamma=\gamma_0$（>0）とする．

具体的に，$2\pi Li_c=\Phi_0/2$の場合のΦ_{ex}-γ特性は既に図5.17（a）に示した．同図（b）はU-γ特性である．図（b）のU-γ特性では，Φ_{ex}/Φ_0をパラメータとして，$\Phi_{ex}/\Phi_0=0$, 0.25, 0.5, 0.75, 1.0のときの $(2L/\Phi_0^2)U$のグラフが示してある．Φ_{ex}の値によらず，U-γ特性のグラフは常に下に凸であることが分かる．電流源の値i_{ex}を$t=0$でステップ関数的に変えて$\Phi_{ex}/\Phi_0=0$から$\Phi_{ex}/\Phi_0=0.5$に増やすと，$t>0$でポテンシャルエネルギーUの形は直線$\Phi_{ex}/\Phi=0.5$について対称な放物線状のグラフで，Uが0となる点は0と2πである．この場合，$\gamma_0=2\pi$である．

LC共振回路の場合との類推から分かるように，rf-SQUIDでも，摩擦のない，理想的な場合，電流源の値i_{ex}を$t=0$でステップ関数的に$i_{ex}=0$から$i_{ex}=0.5\Phi_0/L$に変えた直後，質点は$\gamma=0$から動きだし，極小点を通りすぎ，$\gamma=\gamma_0$の点にたどり着く．この後，$\gamma=0$と$\gamma=\gamma_0$の間で振動を繰り返すことになる．

5.5.2　$2\pi Li_c<\Phi_0$を満たす場合のrf-SQUIDの動特性

損失があり，かつ$2\pi Li_c<\Phi_0$を満たす場合を次に考えよう．rf-SQUIDの電気回路の等価回路で接合に並列にコンダクタンスGを考えることは，対応する洗濯板モデルでは，速度に比例する摩擦力が，速度ベクトルとは逆向きに質点に働く場合に相当する．

このrf-SQUIDの場合でも，$2\pi Li_c<\Phi_0$を満たす範囲では，バイアスする電流源の電流値にかかわらず，ポテンシャルエネルギーUは極小値を一つだけ持つ．前節の損失のない場合と同様に，最初$t<0$で，バイアスする電流源の電流値は0で，質点は$\gamma=0$に位置していたとし，$t=0$で電流源の電流値をステップ関数的に正の値にする．電流値がステップ関数的に増加した直後，

質点は$\gamma = 0$の点から動きだし，γ座標の値が増えていく．接合の並列コンダクタンスGの値が小さい（抵抗の抵抗値Rで考えれば，このRの値が大きい）場合は，弱制動の場合に相当する．力学系でいえば比較的摩擦が小さいときである．この弱制動の場合，$t > 0$で，$\gamma = 0$の点と，（ポテンシャルエネルギーが0となる）$\gamma = \gamma_0$の点の間をやはり質点は振動するのであるが，ここでは摩擦も考慮しているので，質点が移動する範囲は徐々に減少し，最終的にUの極小点に落ち着く．

並列コンダクタンスGの値が大きく，（抵抗の抵抗値Rで考えればこのRの値が小さく）過制動の場合に相当するときは，力学系では摩擦が大きい場合である．この過制動の場合は，$\gamma = 0$の点から動きだし，弱制動の場合よりもゆっくり質点は動き，γ座標の値は単調に増えていき，極小点にたどり着くことになる．

5.5.3　$2\pi Li_c > \Phi_0$を満たす場合のrf-SQUIDのバイアス電流-鎖交磁束特性（その1）

i_cの値が大きくなり，$2\pi Li_c > \Phi_0$を満たす場合を次に考える．$2\pi Li_c > \Phi_0$より，$i_c > \Phi_0/(2\pi L)$であり，仮にLを固定して考えることにすると，i_cが$\Phi_0/(2\pi L)$に比べて大きくなればなるほど，曲線のグラフy_1の凸凹が大きくなり，i_{ex}の値によっては，曲線のグラフy_1と直線のグラフy_2が3点以上で交わることがある．曲線のグラフy_1と直線のグラフy_2が3点以上で交わるときは，対応するポテンシャルエネルギーUは複数の極小値を持つ．このときのi_{ex}の値に対しては，rf-SQUIDの互いに異なる複数個の安定状態があることを意味する．

この$2\pi Li_c > \Phi_0$を満たす具体例として，まずLi_c積が$2\pi Li_c = 2\Phi_0$を満たす場合を，詳しく見ていこう．横軸γ-縦軸yとして，曲線のグラフ（$\Phi_{ex}/\Phi_0 =$）$y_1 = \gamma/(2\pi) + (1/\pi)\sin\gamma$と水平な直線（$\Phi_{ex}/\Phi_0 =$）$y_2 = \gamma/(2\pi)$との交点の数について調べる．図5.18には，既に$y_1 = (Li_c/\Phi_0)\sin\gamma + \gamma/(2\pi) = (1/\pi)\sin\gamma + \gamma/(2\pi)$の曲線のグラフの形を示してある．$\Phi_{ex}/\Phi_0$の値をパラメータとしたエネルギー$U(\gamma)$の形を同図（b）に示した．$N$を整数として，$N - 0.391 <$（$\Phi_{ex}/\Phi_0 =$）$Li_{ex}/\Phi_0 < N + 0.391$では，二つのグラフは1点で交わる．$N + 0.391 < Li_{ex}/\Phi_0 < N + 1 - 0.391$では，3点で交わることになる．より詳しく

調べるため，i_{ex}を$0<Li_{ex}/\Phi_0<1$の範囲で0から徐々に増やしてみよう．

（a）$Li_{ex}/\Phi_0=0$のとき　外部から加えるバイアス電流i_{ex}を最初0とする．この$i_{ex}=0$のときは，曲線のグラフy_1と直線のグラフy_2の交点から，$\gamma=0$であり，SQUIDの鎖交磁束Φは0である．このときのポテンシャルエネルギーに対応する曲線Uは直線$\gamma=0$について対称な放物線状の形で，$\gamma=0$に極小値を持つ．

（b）$0<Li_{ex}/\Phi_0<0.391$の範囲　次に，i_{ex}を0から非常にゆっくり増やしていく．このとき，$\Phi_{ex}=Li_{ex}$で定義されるΦ_{ex}も0から徐々に増えていくことになる．i_{ex}を0からゆっくり増やしていくと，グラフy_2は最初の$y_2=0$の位置から上に移動していき，グラフy_1との交点のγの値も0から徐々に増加していく．このときのポテンシャルエネルギーに対応する曲線$U(\gamma)$も徐々に変形していくことになる．$(2L/\Phi_0{}^2)dU/d\gamma=y_1-y_2$であるから，グラフ$y_1$と直線のグラフ$y_2$の交点の$\gamma$の値は，ポテンシャル曲線$U(\gamma)$の極値の$\gamma$の値である．この交点の$\gamma$の値に比例してSQUIDの鎖交磁束$\Phi$も増加していく．$0<Li_{ex}/\Phi_0<0.391$ではグラフ$y_1$と直線のグラフ$y_2$の交点は直線$y=\{\Phi_0/(2\pi L)\}\gamma$より左上にある．本章の最初に述べたようにSQUIDとしての反磁性の効果により，SQUIDの穴に実際に鎖交する磁束ΦはΦ_{ex}（$=Li_{ex}$）より小さくなる．例えば，$\Phi_{ex}/\Phi_0=0.25$のとき，接合部に電流が流れることにより，この電流が$0.17\Phi_0$分だけ逆向きの磁束をつくり，実際にSQUIDに鎖交する磁束は$\Phi/\Phi_0=0.08$となる．

（c）$Li_{ex}/\Phi_0=0.391$のとき　バイアス電流i_{ex}を更に増加させ，交点のほかに，二つのグラフが接するようになったとき，Φ_{ex}/Φ_0の値は約0.391である．二つのグラフが接するγの値のところに，ポテンシャルエネルギーの曲線$U(\gamma)$は変曲点を持つことが分かる．

（d）$0.391<Li_{ex}/\Phi_0<0.609$の範囲　バイアス電流$i_{ex}$を更に増やすと，二つのグラフは3点で交わるようになる．このうち両側の交点のところで，Uのグラフは極小値を取る．**図5.21**にはSQUIDのΦ_{ex}-γ特性がヒステリシスを持つ様子を示している．i_{ex}を0から増加させた場合はΦ_{ex}も比例して増え，図に示したようにSQUIDの状態に対応するγの値は連続してゆっくり増加していく．**図5.22**には，$Li_{ex}/\Phi_0=0.5$のときのUの形を示した．

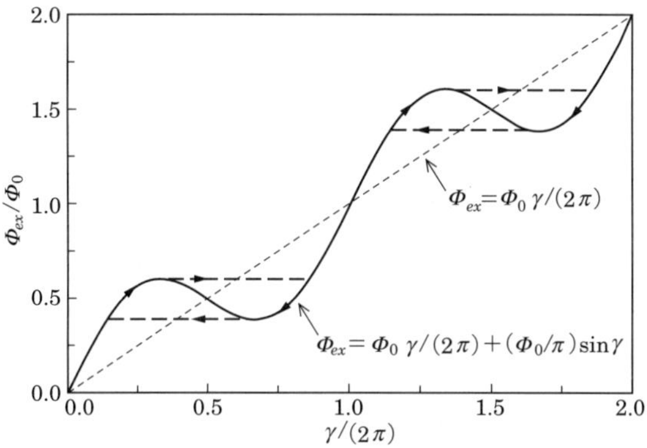

図5.21　SQUIDのΦ_{ex}の位相γ特性のヒステリシス（$2\pi Li_c/\Phi_0=2$の場合）

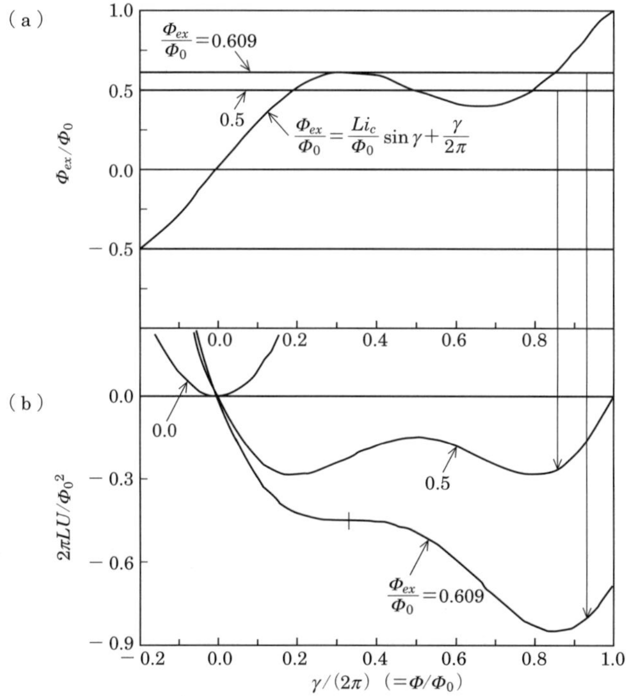

図5.22　rf-SQUIDの（a）Φ_{ex}の位相γ特性と（b）ポテンシャルエネルギーUの位相γ特性（$2\pi Li_c/\Phi_0=2$の場合について，$Li_{ex}/\Phi_0=0.5$と0.609のときのUを拡大表示）

（e）$Li_{ex}/\Phi_0=0.609$のとき　バイアス電流i_{ex}を更に増加させると，再び二つのグラフが接するようにする．このとき，Φ_{ex}/Φ_0の値は約0.609である．このときSQUIDの状態に対応するγの値はちょうど$2\pi/3$である．図5.22には，$Li_{ex}/\Phi_0=0.609$のときのUの形も示してある．

（f）$0.609<Li_{ex}/\Phi_0<1$の範囲　更にi_{ex}を増やすと，左側の交点はなくなってしまうので，図5.21で→で示したようにγの値は急激に増加することになる．この「$0.609<Li_{ex}/\Phi_0<1$の範囲」では，再びグラフy_1とグラフy_2とは交点を一つだけ持つようになる．例えば，$\Phi_{ex}/\Phi_0=0.75$のときは，交点の$\gamma/(2\pi)$の値は0.92で，Φ_{ex}に加えて，接合部も流れる周回電流が$0.17\Phi_0$分だけΦ_{ex}と同じ向きの磁束をつくり，実際にSQUIDに鎖交する磁束は$\Phi/\Phi_0=0.92$となる．Φ_{ex}より大きな値の磁束が鎖交することになる．

再び$\Phi_{ex}/\Phi_0=0.5$のときに戻して考えてみる．この$\Phi_{ex}/\Phi_0=0.5$のときは，グラフy_1とグラフy_2とは3点で交わる．この三つの交点において$\gamma/(2\pi)$（$=\Phi/\Phi_0$）の値はそれぞれ，0.20，0.50と0.80である．ポテンシャル曲線Uのグラフは，$\gamma/(2\pi)$が0.20と0.80で極小値，0.50で極大値を取る．この$\gamma/(2\pi)=0.50$の点は不安定な点で，$\gamma/(2\pi)$が0.20と0.80の2点が安定な点である．Φ_{ex}を$\Phi_{ex}/\Phi_0=0.391$より小さい値から徐々に増やしたときは図で矢印に従い，$\Phi_{ex}/\Phi_0=0.5$になったときには小さいほうの値$\gamma/(2\pi)$（$=\Phi/\Phi_0$）$=0.20$を取る．Φ_{ex}を$\Phi_{ex}/\Phi_0=0.609$より大きい値から徐々に減らしたときは，$\Phi_{ex}/\Phi_0=0.5$では大きいほうの値$\gamma/(2\pi)$（$=\Phi/\Phi_0$）$=0.80$を取ることになる．このようにSQUIDの状態は，そのときのi_{ex}の値のみでは決まらず，SQUIDに鎖交する磁束Φの値はその状態に至るまでのi_{ex}の値の履歴にもよることが分かる．

5.5.4　$2\pi Li_c>\Phi_0$を満たす場合のrf-SQUIDの動特性

次に，rf-SQUIDにつないだ電流源の電流値をステップ的に変化させた場合を考える．もう一度，Li_c積が$2\pi Li_c=2\Phi_0$を満たす例に戻る．以下この項では，このようにSQUIDに鎖交する磁束Φで述べることにするが，Φとγの間には$\Phi/\Phi_0=\gamma/(2\pi)$の関係式があるので，必要に応じて$\Phi$から$\gamma$に変換して考えてほしい．

（a）Φ_{ex}を$0.5\Phi_0$からΦ_0に増加させた場合　仮に$t<0$で，$\Phi_{ex}/\Phi_0=$

0.5とし，$t=0$でΦ_{ex}/Φ_0をステップ的に0.5から1.0に増加させ，$t>0$では$\Phi_{ex}/\Phi_0=1.0$で一定にする．既に述べたように，$\Phi_{ex}/\Phi_0=0.5$では鎖交磁束$\Phi/\Phi_0=0.20$若しくは$\Phi/\Phi_0=0.80$が安定状態である．仮に$t<0$では，$\Phi/\Phi_0=0.20$の状態にあったとすると，電流値がステップ的に増加した直後の$t=0_+$でも，$\Phi/\Phi_0=0.2$である．$t>0$では$\Phi_{ex}/\Phi_0=1.0$であり，ポテンシャルエネルギーのグラフ$U(\Phi/\Phi_0)$は直線$\Phi/\Phi_0\{=\gamma/(2\pi)\}=1.0$について，左右対称の放物線状の形である．$\Phi/\Phi_0=0.2$と$\Phi/\Phi_0=1.8$では同じポテンシャルエネルギー$U$の値になるので，理想的に系が無損失であれば，$t>0$では鎖交磁束$\Phi$は$\Phi/\Phi_0=0.2$から$\Phi/\Phi_0=1.8$の範囲で振動することになる．

損失成分があるときを考える．摩擦が非常に小さければ，弱制動の場合であり，極小値の点$\Phi/\Phi_0=1.0$を中心として振動しながら，最終的に，摩擦により，極小値の点に収束する．摩擦が大きく，過制動の場合は$\Phi/\Phi_0=0.2$からΦが単調に増加して極小値の点に落ち着く．

（b）Φ_{ex}を0から$0.5\Phi_0$に増加させた場合　仮に$t>0$で，直線のグラフy_1と正弦波のグラフy_2が3点で交わるような場合を，具体的に考えてみる．その3点の座標を鎖交磁束Φで表して，それぞれΦ_1, Φ_2, Φ_3（ただし，$\Phi_1<\Phi_2<\Phi_3$とする）と置く．このとき，ポテンシャルエネルギーUは，$\Phi=\Phi_1$で極小，$\Phi=\Phi_2$で極大，$\Phi=\Phi_3$で極小となる．よって，$\Phi=\Phi_1$若しくは$\Phi=\Phi_2$となる状態が安定状態と考えてよい．具体的に，$\Phi_{ex}/\Phi_0=0.5$とすると，Uは$\Phi/\Phi_0=0.2$と$\Phi/\Phi_0=0.8$で極小値，$\Phi/\Phi_0=0.5$で極大値を取る．最初，「$\Phi_{ex}/\Phi_0=0.0$で，$\Phi/\Phi_0=0.0$の状態」にあったとして，$t=0$で電流源の電流値をステップ的に増加させ，$t>0$で，$\Phi_{ex}/\Phi_0=0.5$の一定値にする．$\Phi_{ex}/\Phi_0=0.5$ではグラフ$U(x)$は直線$\Phi/\Phi_0\{=\gamma/(2\pi)\}=0.5$について，左右対称の形である．$\Phi_{ex}$の変化直後の時刻$t=0_+$でも鎖交磁束$\Phi$は$\Phi/\Phi_0=0.0$であるから，理想的に無損失の場合は質点は$\Phi/\Phi_0=0.0$から動きだし，すべての極小点，極大点を通りすぎ，$\Phi/\Phi_0=1.0$にたどり着く．この後，$\Phi/\Phi_0=0.0$と$\Phi/\Phi_0=1.0$の間で振動することになる．

次に，損失のある場合を考える．質点と曲面との摩擦が非常に大きければΦの値は$\Phi/\Phi_0=0.0$から単調に増加し，手前の$\Phi/\Phi_0=0.2$の点に達する．このような制動状態での接合の損失を表すコンダクタンスGの値から始めて，

Gの値を少しずつ減らしていき，それぞれのGの値に対して，動特性を考えてみる．

Gの値を少し減らすと，$\Phi/\Phi_0=0.2$の点を通過するようになり，$\Phi/\Phi_0=0.2$の点を中心に振動するようになり，最終的に$\Phi/\Phi_0=0.2$の点に落ち着く．更に，Gの値を減らすと$\Phi/\Phi_0\{=\gamma/(2\pi)\}=0.5$の極大点を超えるようになる．極大点を超えて，$\Phi/\Phi_0=0.8$の点を中心とする凹のほうにも移動し，$\Phi/\Phi_0=1.0$の手前で引き返し，$\Phi/\Phi_0=0.8$の極小点のほうに収束するようになる．$G$の値をもっと減らし，摩擦が非常に小さくなれば，極めて弱制動の場合となり，摩擦なしの理想的な場合に近づく．$\Phi/\Phi_0=0.2$の極小値，$\Phi/\Phi_0\{=\gamma/(2\pi)\}=0.5$の極大値の点，$\Phi/\Phi_0=0.8$の極小値を超えて，$\Phi/\Phi_0=1.0$の手前で引き返してくる．何回か$\Phi/\Phi_0=0.0$と$\Phi/\Phi_0=1.0$の間を往復し，摩擦により，そのうちに極大値の$\Phi/\Phi_0\{=\gamma/(2\pi)\}=0.5$の点を超えられなくなる．$\Phi/\Phi_0=0.2$の点を中心とする凹か$\Phi/\Phi_0=0.8$の点を中心とする凹のどちらかに捕えられる．動く範囲は徐々に狭まり，最終的に，極小点$\Phi/\Phi_0=0.2$若しくは極小点$\Phi/\Phi_0=0.8$のどちらかに落ち着くことになる．

5.5.5 $2\pi Li_c>\Phi_0$を満たす場合のrf-SQUIDのバイアス電流-鎖交磁束特性（その2）

更に比Li_c/Φ_0が大きくなると，電流源により電流を外から流していない状態，言い換えると$\Phi_{ex}=0$の場合でも，ループに0でない有限な値の磁束Φが鎖交することがありうる．この例について簡単に触れておく．例えば，$2\pi Li_c/\Phi_0=5\pi/3$のときは，**図5.23**に示すように，バイアス電流-鎖交磁束特性の$\Phi_{ex}(\gamma)$のグラフは横軸（$\Phi_{ex}=0$）と5か所で交差する．その交点での$\gamma/(2\pi)$の値は-0.8，-0.64，0，0.64，0.8であり，それぞれに対応するΦの値は$-0.8\Phi_0$，$-0.64\Phi_0$，0，$0.64\Phi_0$，$0.8\Phi_0$である．図にはポテンシャルエネルギーUの曲線も併記してある．$\gamma/(2\pi)=-0.64$若しくは$\gamma/(2\pi)=0.64$ではポテンシャルエネルギーUのグラフは極大値を取り，安定な点ではない．$\gamma/(2\pi)$の値が-0.8若しくは0若しくは0.8でUのグラフは，極小値を取り，安定な点である．ゆえに，電流i_{ex}を外から流していない状態でも，Φの値が$-0.8\Phi_0$，若しくは$0.8\Phi_0$となり，鎖交磁束Φが0以外の値を取ることがあることを示

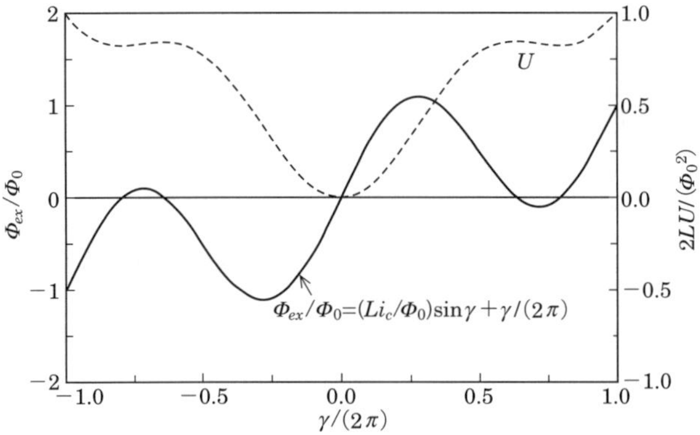

図5.23　rf-SQUIDの（a）Φ_{ex}の位相γ特性と（b）ポテンシャルエネルギーUの位相γ特性（$2\pi Li_c/\Phi_0=5\pi/3$の場合）

している．比Li_c/Φ_0をもっと大きくすれば，$\Phi_{ex}=0$での安定状態の数は更に増え，より大きな磁束がバイアス電流が0の状態でも鎖交することとなる．

このように比Li_c/Φ_0が大きい場合，電流源をつないでいない状態でも，rf-SQUIDに有限な値の磁束が鎖交している状態が出現しうることが分かった．この鎖交磁束に比例して，超伝導ループの内側には電流が流れることになる．この電流は鎖交磁束が変化しない限りずっと流れるので，バイアス電流がない状態でrf-SQUIDに磁気的エネルギーを蓄えることも可能になる．

第 6 章

dc-SQUIDの特性

dc-SQUIDは二つの接合を超伝導体で並列に結んだ構造である．第1章で既に述べたように，「二つの接合を超伝導体で結んだ並列回路」に流しうる超伝導電流の臨界値は，接合一つの流しうる超伝導電流の臨界値i_cの2倍には一般にならない．このSQUID構造を流れる超伝導電流の臨界値は，二つの接合と超伝導体でつくるループに鎖交する磁束の大きさに依存し，その大きさは$2\,i_c$から0の範囲である．このdc-SQUIDの特性について，本章では詳しく考えることにする．

6.1　インダクタンス成分も考慮したdc-SQUIDのモデル

dc-SQUIDの説明は既に第1章で行ったが，このときは，超伝導ループの部分が持つインダクタ成分を省略した簡単なモデルでの考察であった．ここでは，この超伝導体の部分が持つインダクタンス成分も考慮した，より正確なモデルをもとに，dc-SQUIDの特性を調べることにしよう．

dc-SQUIDは既に述べたように，超伝導体のループの途中に二つのジョセフソン接合が入った構造をしている．このモデルとして，ここでは，**図6.1**のように二つの接合を並列に置き，接合の下側を互いにつなぎ，二つの接合の上側の間にはインダクタンスLのインダクタが入った等価回路を考える．この二つの接合の下側の点は位相及び電位の基準点（点a）とし，左の接合と右の接合のすぐ上に，それぞれ点bと点cを取る．点aに始まり左の接合を

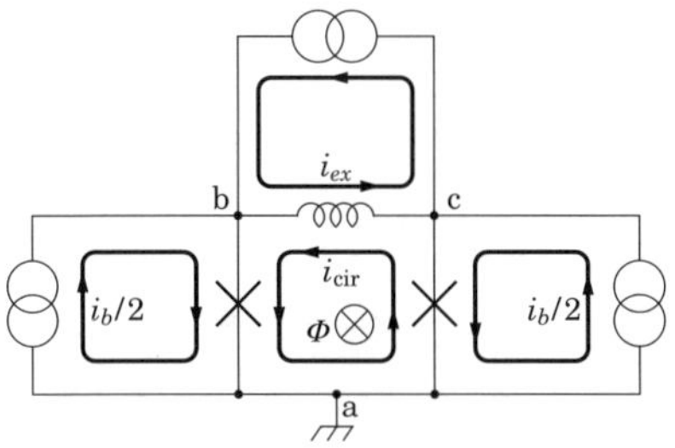

図6.1　電流源でバイアスされたdc-SQUID（その1）
（電流源i_{ex}と二つの電流源$i_b/2$をつないだdc-SQUID）

下から上に横切り点bに至る経路をΓ_A，点bに始まりインダクタの超伝導体内部を通り点cに至る経路をΓ_B，点cに始まり右の接合を上から下に横切り点aに至る経路をΓ_Cと置く．点aに始まり経路Γ_A＋経路Γ_B＋経路Γ_Cとたどることにより，SQUIDの穴を時計方向に1周して再び点aに戻る経路となる．次に，経路Γ_A，経路Γ_B，経路Γ_Cの各々の経路に沿っての「ゲージ不変な位相差γ_1」，「ゲージ不変な位相差γ_3」及び「ゲージ不変な位相差γ_2」を考えることにする．

経路Γ_Aに沿っての「ゲージ不変な位相差γ_1」という量は，次のように定義できる．

まず，出発点（始点）の点aでの超伝導のオーダパラメータΨ(a)を考え，点aでのΨ(a)の位相をθ(a)とする．到着点（終点）の点bでのオーダパラメータθ(b)の位相をθ(b)と置く．「ゲージ不変な位相差γ_1」は次の式で定義される．

$$\gamma_1 = \theta(\mathrm{b}) - \theta(\mathrm{a}) + \frac{2e}{\hbar}\int_{\Gamma_A} \boldsymbol{A}\cdot d\boldsymbol{s} \tag{6.1}$$

ただし，右辺の積分は，経路をΓ_Aに沿って電磁界のベクトルポテンシャル$\boldsymbol{A}$の線積分である．

経路Γ_Bは超伝導体の内部にある．電流は超伝導体表面のみを流れ，内部は流れていないので，Γ_Bに沿っての「ゲージ不変な位相差γ_3」は0であるとしてよい．経路Γ_Bの終点の点cでのオーダパラメータΨ(c)の位相をθ(c)と置いて，式で表すと

$$0=\gamma_3=\int_{\Gamma_B}\left(\nabla\theta+\frac{2e}{\hbar}\boldsymbol{A}\right)\cdot d\boldsymbol{s}$$
$$=\theta(\mathrm{c})-\theta(\mathrm{b})+\frac{2e}{\hbar}\int_{\Gamma_B}\boldsymbol{A}\cdot d\boldsymbol{s} \qquad (6.2)$$

次に，経路Γ_Cに沿った「ゲージ不変な位相差γ_2」を考える．この点cを出発し，今度は経路Γ_Cに沿って，点aに戻る．この終点の点aで再びオーダパラメータΨの位相を求める．最初，点aでオーダパラメータΨ(a) に対して，位相θ(a) を考えたのであるが，こうしてループを1周したのちに，再び同じオーダパラメータΨに対応させる位相θ'(a) はθ(a) と$2N\pi$だけずれてもよい（ただし，Nは整数）．経路Γ_Cに沿っての「(ゲージ不変な) 位相差γ_2」は

$$\gamma_2=\theta'(\mathrm{a})-\theta(\mathrm{c})+\frac{2e}{\hbar}\int_{\Gamma_C}\boldsymbol{A}\cdot d\boldsymbol{s} \qquad (6.3)$$

と定義される．ここで，$\theta'(a)=\theta(a)+2N\pi$である．

「ゲージ不変な位相差γ_1」の式，「ゲージ不変な位相差γ_2」の式及び「ゲージ不変な位相差γ_3 (= 0)」の式の和から，閉ループ$\Gamma_A+\Gamma_B+\Gamma_C$についてのベクトルポテンシャル$\boldsymbol{A}$の線積分はこのループの鎖交磁束$\boldsymbol{\Phi}$に等しいことを使い

$$\gamma_1+\gamma_2=2N\pi+\frac{2e}{\hbar}\boldsymbol{\Phi} \qquad (6.4)$$

を得る．

6.2 定常状態でのdc-SQUIDの基本方程式

このdc-SQUIDに電流値i_{ex}の電流源と二つの電流値$i_b/2$の電流源の，計三つの電流源を次に説明するようにつなぐ．まず，インダクタLの両端に電流値i_{ex}の電流源をつなぐ．この電流源を右から左に，インダクタLを左から右へ流れる電流値i_{ex}の電流ループを考えることにする．左側の接合の上下に電流値$i_b/2$の電流源をつなぐ．同様に右側の接合の上下にも電流値$i_b/2$の電流源をつなぐ．このバイアス電流はインダクタLの途中から注入することも多いのだが，より回路解析が簡単になるよう，ここではバイアス電流i_bを二つ

に分けて，それぞれの接合の両端にこの電流値$i_b/2$の電流源をつなぐことにする．まず，左の電流源と左側の接合からなるループを時計方向に流れる電流値$i_b/2$の電流ループを考えることになる．同様に，右の電流源と右側の接合を反時計方向に流れる電流値$i_b/2$の電流ループを考える．更に，インダクタLと二つの接合を含む超伝導体ループを流れる循環電流を考えることを忘れてはいけない．この循環電流は反時計回りを正にi_{cir}と置くことにする．このように，四つの電流ループを考えることによりSQUIDを解析できる．

インダクタLを右向きに流れる電流i_Lは$i_{ex}-i_{\mathrm{cir}}$である．まず，定常状態を考えることにする．定常状態では，接合部に電圧は生じなくて，接合部を流れる電流は理想的には「ゲージ不変な位相差」のsinにより表される超伝導電流を考えるのみでよい．左右の接合の臨界電流値をそれぞれi_{c1}，i_{c2}と置く．各々の接合の上側の節点での電流保存則から

$$i_{\mathrm{cir}}+\frac{1}{2}i_b=i_{c1}\sin\gamma_1 \tag{6.5}$$

$$-i_{\mathrm{cir}}+\frac{1}{2}i_b=-i_{c2}\sin\gamma_2 \tag{6.6}$$

である．両式の和と差から

$$i_b=i_{c1}\sin\gamma_1-i_{c2}\sin\gamma_2 \tag{6.7}$$

$$i_{\mathrm{cir}}=\frac{i_{c1}\sin\gamma_1+i_{c2}\sin\gamma_2}{2} \tag{6.8}$$

を得る．$\boldsymbol{\Phi}_{ex}=Li_{ex}$と$\boldsymbol{\Phi}_{ex}$を定めることにする．インダクタ$L$を流れる電流は右向きに$i_L$であったので，超伝導体ループに鎖交する磁束$\boldsymbol{\Phi}$は，このインダクタを流れる電流を使い

$$\boldsymbol{\Phi}=Li_L \tag{6.9}$$

と表すことができる．$i_{ex}=i_L+i_{\mathrm{cir}}$であるから

$$\begin{aligned}\boldsymbol{\Phi}_{ex}&=Li_{ex}\\&=L(i_L+i_{\mathrm{cir}})\\&=\boldsymbol{\Phi}+Li_{\mathrm{cir}}\\&=\boldsymbol{\Phi}+\frac{L(i_{c1}\sin\gamma_1+i_{c2}\sin\gamma_2)}{2}\end{aligned} \tag{6.10}$$

両辺を Φ_0 で割り

$$\frac{\Phi_{ex}}{\Phi_0}=\frac{\Phi}{\Phi_0}+\frac{L}{2\Phi_0}(i_{c1}\sin\gamma_1+i_{c2}\sin\gamma_2) \tag{6.11}$$

を得る．

前に述べたように，rf-SQUIDの状態を表す独立変数は一つであった．接合のゲージ不変な位相差 γ をこの独立変数とすることができる．ここで考察しているdc-SQUIDでは独立変数は二つ必要で，例えば γ_1 と γ_2 をこの独立変数に選ぶとよい．Φ とゲージ不変な位相差との関係式 $\gamma_1+\gamma_2=2N\pi+(2e/\hbar)\Phi$ を使う．更にここで，$2N\pi$ は左辺の $\gamma_1+\gamma_2$ 側に含ませてしまい，以下 $N=0$ と置くことにすると

$$\frac{2e}{\hbar}\Phi=\gamma_1+\gamma_2 \tag{6.12}$$

を得る．これを Φ_{ex} の式に代入して

$$\frac{\Phi_{ex}}{\Phi_0}=\frac{\gamma_1+\gamma_2}{2\pi}+\frac{L}{2\Phi_0}(i_{c1}\sin\gamma_1+i_{c2}\sin\gamma_2) \tag{6.13}$$

とすると，Φ_{ex}/Φ_0 も γ_1 と γ_2 で表される．この式と先ほど求めた

$$i_b=i_{c1}\sin\gamma_1-i_{c2}\sin\gamma_2 \tag{6.14}$$

の式が定常状態のdc-SQUIDの基本的な二つの関係式である．

6.3 バイアス電流 i_b の取りうる範囲

既に第1章で概略を述べたように，dc-SQUIDに電位差が現れることなく流すことができる電流 i_b の範囲は，変数 Φ_{ex} の値に依存する．dc-SQUIDの左右の接合の臨界電流値は等しいとし，i_c と置く．$\Phi_{ex}=M\Phi_0$（M は整数）であれば，SQUIDに電位差が現れることなく，$-2i_c$ から $2i_c$ の範囲の電流 i_b を流すことができる．$\Phi_{ex}=(M+1/2)\Phi_0$ の場合は，電位差なしで電流 i_b の流すことができる範囲は狭くなる．

値 Φ_{ex} と i_b を与えると，対（Φ_{ex}，i_b）の点がその取りうる範囲内にあれば，つじつまの合うように，左右の接合のゲージ不変な位相差 γ_1 と γ_2 が定まる．逆に，まず γ_1, γ_2 を定め，式（6.13)，(6.14）を使い，そのときの Φ_{ex} と i_b の値を計算し，点（Φ_{ex}，i_b）をプロットすることにより，電位差なしで流しうる

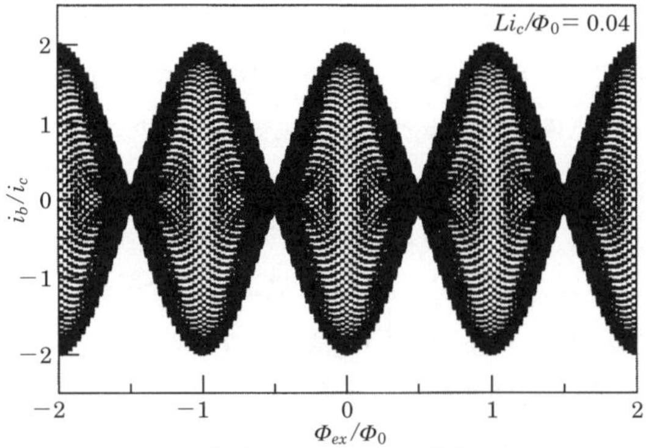

（a）$Li_c/\Phi_0 = 0.04$ の場合

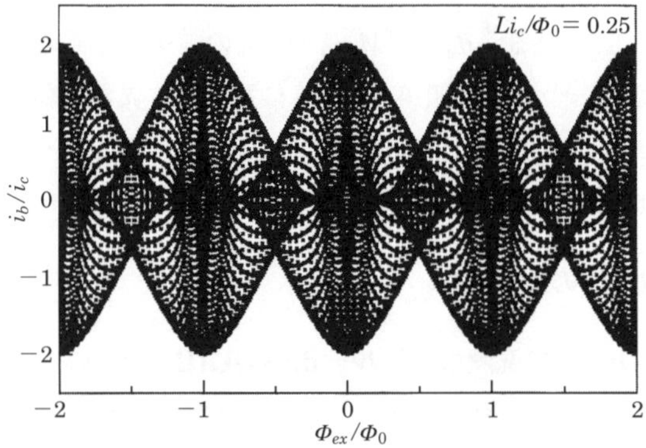

（b）$Li_c/\Phi_0 = 0.25$ の場合

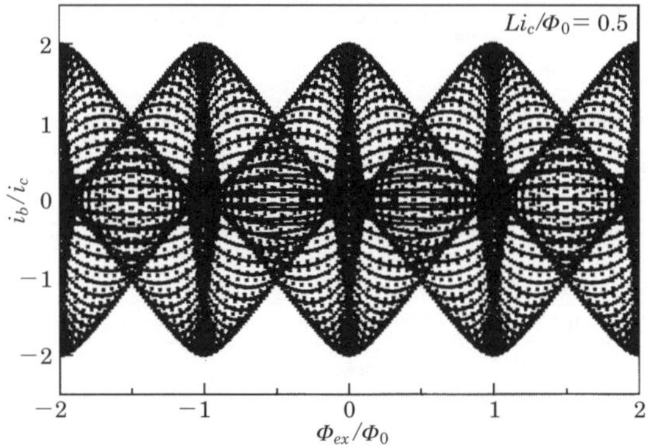

（c）$Li_c/\Phi_0 = 0.5$ の場合

図6.2　dc-SQUIDにおいて零電圧状態で流しうる i_b の範囲

電流i_bの範囲をΦ_{ex}を変数として求めることができる．**図6.2**に，この「γ_1, γ_2を少しずつ変えながら点（Φ_{ex}, i_b）をプロットする方法」で求めた結果を示す．この方法で点の存在するところの包絡線が，Φ_{ex}を変数として零電圧状態でこのDC-SQUIDを流れるi_bの範囲となる．

図6.2（a）は$Li_c/\Phi_0 = 0.04$の場合であり，このようにi_cの値が小さく$Li_c/\Phi_0 \ll 1$のときは，第1章でインダクタンス成分を省略した等価回路で考えた場合と特性が似ていて，$\Phi_{ex} = (M + 1/2)\Phi_0$（ただし，$M$は整数）のときに，$i_b$の取りうる値の範囲が極めて狭くなる．

同様に，$Li_c/\Phi_0 = 0.25$, $Li_c/\Phi_0 = 0.5$のときのグラフをそれぞれ同図（b），（c）に示す．比Li_c/Φ_0が大きくなると，$\Phi_{ex} = (M+1/2)\Phi_0$のときに$i_b$の取りうる値の範囲が広くなる．$\Phi_{ex} = (M+1/2)\Phi_0$の前後で菱形が重なったように見える範囲では，一つの値の組（Φ_{ex}, i_b）に対して，異なる値の鎖交磁束Φが対応する．ここのところは，rf-SQUIDの場合において，やはりある値のΦ_{ex}に対して2通り以上の鎖交磁束Φの値が対応することがあるのと同じである．

6.4　dc-SQUIDの動特性

6.4.1　dc-SQUIDの洗濯板モデル―dc-SQUIDのポテンシャルエネルギー

次に，接合部の等価回路として，接合に並列に浮遊容量Cを考えて，dc-SQUIDの動特性を調べることにする．rf-SQUIDの場合と同様にポテンシャルUを考えた力学的モデル（洗濯板モデル）を求めることが最初の目標となる．

等価回路に抵抗などの損失要素がない場合から考える．左右の接合に等価的に入る浮遊容量をC_1とC_2と置く．C_1とC_2の電圧は，各々左及び右の接合の両端の電圧に等しく，これらをそれぞれv_1及びv_2と置くと，γ_1とγ_2を使い

$$v_1 = \frac{\Phi_0}{2\pi}\frac{d\gamma_1}{dt} \tag{6.15}$$

と

$$v_2 = -\frac{\Phi_0}{2\pi}\frac{d\gamma_2}{dt} \tag{6.16}$$

である．左の接合に並列に入っている容量C_1に流れる電流は

$$i_{\mathrm{cap}1}=C_1\frac{dv_1}{dt}$$

$$=\frac{C_1\Phi_0}{2\pi}\frac{d^2\gamma_1}{dt^2} \tag{6.17}$$

と表せ，同様に右の接合のほうは

$$i_{\mathrm{cap}2}=C_2\frac{dv_2}{dt}$$

$$=-\frac{C_2\Phi_0}{2\pi}\frac{d^2\gamma_2}{dt^2} \tag{6.18}$$

である．ここではまず，損失成分がない理想的な場合を考えているので，接合部にもコンダクタンス成分は考えないことにする．dc-SQUIDの等価回路に抵抗などの損失要素がない場合，接合の浮遊容量を流れる電流も含めた電流保存則は

$$i_{ex}+\frac{1}{2}i_b=i_{\mathrm{cap}1}+i_L+i_{c1}\sin\gamma_1 \tag{6.19}$$

$$-i_{ex}+\frac{1}{2}i_b=i_{\mathrm{cap}2}-i_L-i_{c2}\sin\gamma_2 \tag{6.20}$$

と表される．

これまでの議論でのdc-SQUIDをバイアスする三つの電流源は，次のように二つの電流源で置き換えることができる．すなわち，これら三つの電流源を取り払い，あらためて左の接合の上側を電流注入点として，左の接合の上下に電流値i_1の電流源をつなぐ．同様に，右側の接合の上側を電流注入点として，右の接合の上下に電流値i_2の電流源をつなぐ（**図6.3**参照）．

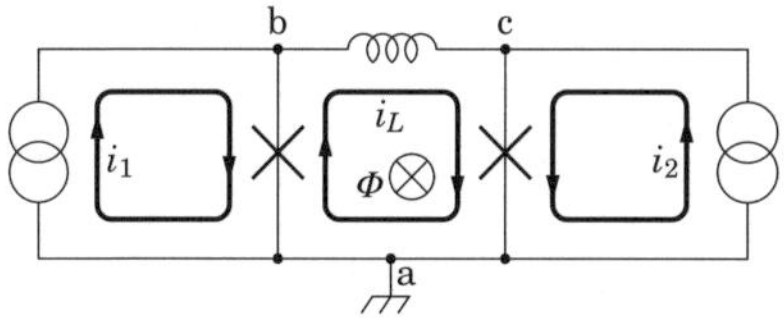

図6.3　電流源でバイアスされたdc-SQUID（その2）
（電流源i_1と電流源i_2をつないだdc-SQUID）

$$i_1 = i_{ex} + \frac{1}{2} i_b \tag{6.21}$$

$$i_2 = -i_{ex} + \frac{1}{2} i_b \tag{6.22}$$

の関係式が常に成り立つのならば，「図6.1の電流源（1/2)i_b（2か所）と電流源i_{ex}をつないだdc-SQUID」と，「図6.3の電流源i_1と電流源i_2をつないだdc-SQUID」は，互いに等価である．

以下，式が見やすくなるので，しばらくの間，「電流源i_1と電流源i_2をつないだdc-SQUID」をもとに考察を続けよう．

前節で求めた，左右の接合の上側の点での電流の保存則から

$$\begin{aligned} i_1 &= i_{\mathrm{cap1}} + i_L + i_{c1} \sin\gamma_1 \\ &= \frac{C_1 \Phi_0}{2\pi} \frac{d^2\gamma_1}{dt^2} + \frac{\Phi_0}{2\pi L}(\gamma_1 + \gamma_2) + i_{c1} \sin\gamma_1 \end{aligned} \tag{6.23}$$

$$\begin{aligned} i_2 &= i_{\mathrm{cap2}} - i_L - i_{c2} \sin\gamma_2 \\ &= -\frac{C_2 \Phi_0}{2\pi} \frac{d^2\gamma_2}{dt^2} - \frac{\Phi_0}{2\pi L}(\gamma_1 + \gamma_2) - i_{c2} \sin\gamma_2 \end{aligned} \tag{6.24}$$

であり，それぞれより

$$\frac{C_1 \Phi_0}{2\pi} \frac{d^2\gamma_1}{dt^2} = +i_1 - \frac{\Phi_0}{2\pi L}(\gamma_1 + \gamma_2) - i_{c1} \sin\gamma_1 \tag{6.25}$$

$$\frac{C_2 \Phi_0}{2\pi} \frac{d^2\gamma_2}{dt^2} = -i_2 - \frac{\Phi_0}{2\pi L}(\gamma_1 + \gamma_2) - i_{c2} \sin\gamma_2 \tag{6.26}$$

を得る．

次に，接合部に並列コンダクタンスを入れることにより，損失成分を考える．

左の接合部の並列コンダクタンスG_1を流れる電流は$i_G = G_1 v_1$より

$$i_{G_1} = G_1 v_1 = \frac{G_1 \Phi_0}{2\pi} \frac{d\gamma_1}{dt} \tag{6.27}$$

同様に右の接合部についても，コンダクタンスG_2を流れる電流は$iG_2 = G_2 v_2$より

$$i_{G2}=G_2v_2=-\frac{G_2\Phi_0}{2\pi}\frac{d\gamma_2}{dt} \tag{6.28}$$

となるので，この電流分を追加する．電流保存則から

$$i_1=\frac{C_1\Phi_0}{2\pi}\frac{d^2\gamma_1}{dt^2}+\frac{G_1\Phi_0}{2\pi}\frac{d\gamma_1}{dt}+\frac{\Phi_0}{2\pi L}(\gamma_1+\gamma_2)+i_{c1}\sin\gamma_1 \tag{6.29}$$

$$i_2=-\frac{C_2\Phi_0}{2\pi}\frac{d^2\gamma_2}{dt^2}-\frac{G_2\Phi_0}{2\pi}\frac{d\gamma_2}{dt}-\frac{\Phi_0}{2\pi L}(\gamma_1+\gamma_2)-i_{c2}\sin\gamma_2 \tag{6.30}$$

であるから，移項して

$$\frac{C_1\Phi_0}{2\pi}\frac{d^2\gamma_1}{dt^2}=+i_1-\frac{\Phi_0}{2\pi L}(\gamma_1+\gamma_2)-i_{c1}\sin\gamma_1-\frac{G_1\Phi_0}{2\pi}\frac{d\gamma_1}{dt} \tag{6.31}$$

$$\frac{C_2\Phi_0}{2\pi}\frac{d^2\gamma_2}{dt^2}=-i_2-\frac{\Phi_0}{2\pi L}(\gamma_1+\gamma_2)-i_{c2}\sin\gamma_2-\frac{G_2\Phi_0}{2\pi}\frac{d\gamma_2}{dt} \tag{6.32}$$

を得る．これらの式を

$$\frac{C_1\Phi_0}{2\pi}\frac{d^2\gamma_1}{dt^2}=-\frac{d}{d\gamma_1}\left[-i_1\gamma_1+\frac{\Phi_0}{4\pi L}(\gamma_1+\gamma_2)^2+i_{c1}(1-\cos\gamma_1)\right]-\frac{G_1\Phi_0}{2\pi}\frac{d\gamma_1}{dt} \tag{6.33}$$

$$\frac{C_2\Phi_0}{2\pi}\frac{d^2\gamma_2}{dt^2}=-\frac{d}{d\gamma_2}\left[i_2\gamma_2+\frac{\Phi_0}{4\pi L}(\gamma_1+\gamma_2)^2+i_{c2}(1-\cos\gamma_2)\right]-\frac{G_2\Phi_0}{2\pi}\frac{d\gamma_2}{dt} \tag{6.34}$$

と変形する．ここで

$$U(\gamma_1,\gamma_2)=-\frac{\Phi_0 i_1\gamma_1}{2\pi}+\frac{\Phi_0 i_2\gamma_2}{2\pi}+\frac{\Phi_0^2}{8\pi^2L}(\gamma_1+\gamma_2)^2+\frac{\Phi_0 i_{c1}}{2\pi}(1-\cos\gamma_1)+\frac{\Phi_0 i_{c2}}{2\pi}(1-\cos\gamma_2) \tag{6.35}$$

と置くと

$$\frac{C_1\Phi_0}{2\pi}\frac{d^2\gamma_1}{dt^2}=-\frac{2\pi}{\Phi_0}\frac{d}{d\gamma_1}U(\gamma_1,\gamma_2)-\frac{G_1\Phi_0}{2\pi}\frac{d\gamma_1}{dt} \tag{6.36}$$

$$\frac{C_2 \Phi_0}{2\pi}\frac{d^2\gamma_2}{dt^2} = -\frac{2\pi}{\Phi_0}\frac{d}{d\gamma_2}U(\gamma_1,\ \gamma_2) - \frac{G_2\Phi_0}{2\pi}\frac{d\gamma_2}{dt} \tag{6.37}$$

を得る．以下，二つの接合は臨界電流，浮遊容量，コンダクタンスが互いに等しいとして，$i_{c1} = i_{c2} = i_c$，$C_1 = C_2 = C$，$G_1 = G_2 = G$ と置くと

$$\frac{C \Phi_0}{2\pi}\frac{d^2\gamma_1}{dt^2} = -\frac{2\pi}{\Phi_0}\frac{d}{d\gamma_1}U(\gamma_1,\ \gamma_2) - \frac{G\Phi_0}{2\pi}\frac{d\gamma_1}{dt} \tag{6.38}$$

$$\frac{C \Phi_0}{2\pi}\frac{d^2\gamma_2}{dt^2} = -\frac{2\pi}{\Phi_0}\frac{d}{d\gamma_2}U(\gamma_1,\ \gamma_2) - \frac{G\Phi_0}{2\pi}\frac{d\gamma_2}{dt} \tag{6.39}$$

である．ただし

$$U(\gamma_1,\ \gamma_2) = -\frac{\Phi_0 i_1 \gamma_1}{2\pi} + \frac{\Phi_0 i_2 \gamma_2}{2\pi} + \frac{\Phi_0^2}{8\pi^2 L}(\gamma_1 + \gamma_2)^2 + \frac{\Phi_0 i_c}{2\pi}(1-\cos\gamma_1) + \frac{\Phi_0 i_c}{2\pi}(1-\cos\gamma_2) \tag{6.40}$$

更に，両辺に $2L/(\Phi_0{}^2)$ を掛け，$b = \{Li_c/\Phi_0\}$ と置くと

$$\frac{2L}{\Phi_0^2}U(\gamma_1,\ \gamma_2) = -\frac{b}{\pi i_c} i_1 \gamma_1 + \frac{b}{\pi i_c} i_2 \gamma_2 + \frac{(\gamma_1 + \gamma_2)^2}{4\pi^2} + \frac{b}{\pi}\{(1-\cos\gamma_1) + (1-\cos\gamma_2)\} \tag{6.41}$$

となる．右辺の第1項と第2項は，それぞれ電流値 i_1 と i_2 の電流源のポテンシャルエネルギー，第3項はインダクタのエネルギー，第4項は接合のエネルギーに対応する．

ポテンシャルエネルギー $U(\gamma_1, \gamma_2)$ の式において $i_1 = i_{ex} + (1/2)i_b$ と $i_2 = -i_{ex} + (1/2)i_b$ の関係式を使い，i_{ex} と i_b に変数を戻すと，U は次式で表される．

$$\frac{2L}{\Phi_0^2}U(\gamma_1,\ \gamma_2) = -\frac{b}{\pi i_c}\left(i_{ex} + \frac{1}{2}i_b\right)\gamma_1 + \frac{b}{\pi i_c}\left(-i_{ex} + \frac{1}{2}i_b\right)\gamma_2 + \frac{(\gamma_1 + \gamma_2)^2}{4\pi^2} + \frac{b}{\pi}\{(1-\cos\gamma_1) + (1-\cos\gamma_2)\}$$

$$= -\frac{b i_{ex}}{\pi i_c}(\gamma_1+\gamma_2)+\frac{b i_b}{2\pi i_c}(-\gamma_1+\gamma_2)+\frac{(\gamma_1+\gamma_2)^2}{4\pi^2}$$

$$+\frac{b}{\pi}\{(1-\cos\gamma_1)+(1-\cos\gamma_2)\} \tag{6.42}$$

式変形後の右辺の第1項は電流値i_{ex}の電流源のポテンシャルエネルギー，第2項は電流値$i_b/2$の左右の電流源のポテンシャルエネルギーに対応する．このように，rf-SQUIDの場合に使った洗濯板モデルをこのdc-SQUIDの場合にも適用でき，ポテンシャルエネルギー$U(\gamma_1, \gamma_2)$で表される曲面上を動く質点の運動との類推が成り立つ（この場合はまさに洗濯板のようにポテンシャル面は二次元的に広がる面である）．この類推では，容量Cは質点の質量に対応し，コンダクタンスGは，速度に比例する摩擦力の比例係数に対応する．すなわち，三次元の空間x-y-zを考えて，γ_1軸とy軸，γ_2軸とx軸をそれぞれ対応させ，ポテンシャルエネルギー$U(\gamma_1, \gamma_2)$で決まる曲面$z = U(\gamma_1, \gamma_2)$上に質量$m$の質点を置き，$z$軸負の向きに重力を考えると，2本の連立方程式で表されるdc-SQUIDの動特性は，この曲面上の質点の運動に対応するわけである．

6.4.2　dc-SQUIDのポテンシャルエネルギー面の具体例

この項では具体的に$b = Li_c/\Phi_0 = 0.25$であるとして，具体的なポテンシャルエネルギー面を示し，議論を進めていく．以下の図では，地図で使われる「等高線を示す方法」でポテンシャルエネルギーの曲面を示している．山歩きで使われる地図などを見る要領で，等高線図から，ポテンシャル面の形を想像してほしい．この等高線図で，等高線が狭い範囲でとじた部分は「山の形状」か「くぼ地の形状」のどちらかであるが，山となっている部分より，ポテンシャルの極小点を含む領域である「くぼ地」が，ここでの議論では重要となる．

（1）$i_b/2 = 0$一定でΦ_{ex}を$\Phi_{ex} = 0$から$\Phi_{ex} = \Phi_0$まで徐々に変化させた場合

まず，$i_{ex} = 0$，$i_b/2 = 0$のときのポテンシャルエネルギー面Uを**図6.4**（a）に示す．図（b）には直線$\gamma_1 = \gamma_2$に沿ってのポテンシャルエネルギー$U(\gamma_1, \gamma_2)$の形$U(\gamma_1\ [= \gamma_2], \gamma_2)$と，直線$\gamma_1 = -\gamma_2$に沿ってのポテンシャルエネルギー$U(\gamma_1, \gamma_2)$の形$U(\gamma_1\ [= -\gamma_2], \gamma_2)$を示す．これらより，このポテンシャルエネルギー面$U$は等高線図（a）の直線$\gamma_1 = -\gamma_2$に沿って谷のある形状を

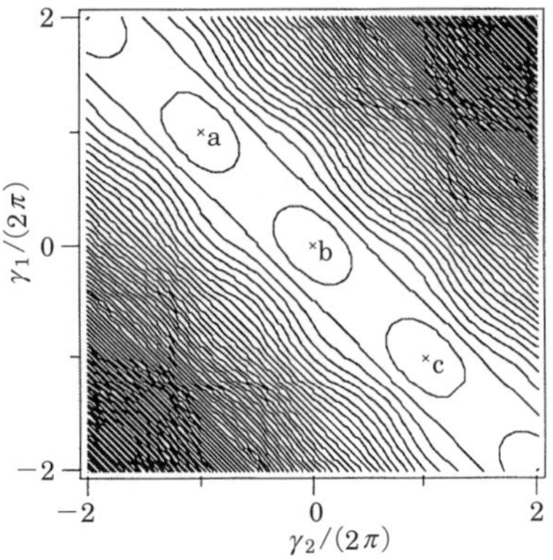

（a）ポテンシャルエネルギー $U(\gamma_1, \gamma_2)$ の等高線
（$Li_c/\Phi_0 = 0.25$，$Li_{ex} = 0$，$i_b/2 = 0$ の場合）

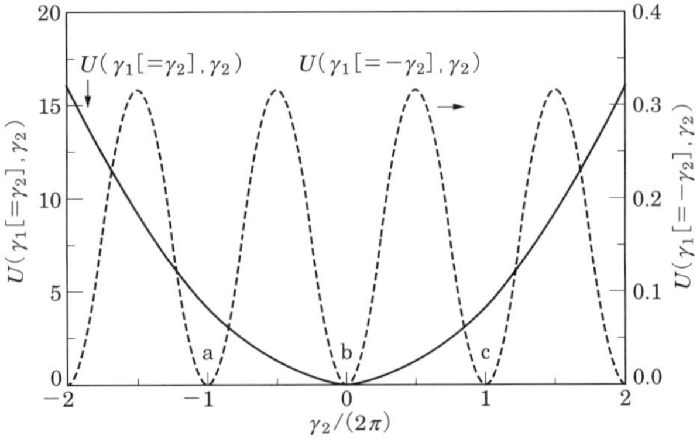

（b）図（a）において $\gamma_1 = \gamma_2$ に沿っての $U(\gamma_1, \gamma_2)$ の形 $U(\gamma_1[=\gamma_2], \gamma_2)$ と，
直線 $\gamma_1 = -\gamma_2$ に沿っての $U(\gamma_1, \gamma_2)$ の形 $U(\gamma_1[=-\gamma_2], \gamma_2)$

図6.4

示すことが分かる．図で点a，点b，点cなどで表される点は，ポテンシャルエネルギー面 U の極小点の位置を示す．それぞれ点a，点b，点cのまわりはポテンシャルエネルギー面の「くぼ地」となっている．

次に，$i_b/2 = 0$ のまま，電流源 i_{ex} が流す電流を図6.1に示す反時計の向きに0から徐々に増加させていく．このように電流 i_{ex} を流す場合，$\Phi_{ex} = Li_{ex}$ と定義しているから，図6.2（b）の i_b-Φ_{ex} 特性の図でバイアス点は，横軸の Φ_{ex} 軸上を原点から右へと少しずつ移動する．このとき，対応するポテンシャルエネルギー U のほうは，i_{ex} だけを徐々に増やしていくのであるから，$\gamma_1 + \gamma_2 = 0$

の直線を境として，$\gamma_1+\gamma_2>0$の領域でUの値が減少し，$\gamma_1+\gamma_2<0$の領域でUの値が増加する．「$\gamma_1+\gamma_2>0$の領域では曲面Uが下がり，$\gamma_1+\gamma_2<0$の領域では曲面Uが上がる」と表すこともできよう．この変化に伴い，極小点の点a，点b，点cの位置は徐々に右上に移動していく．$Li_{ex}=\Phi_0/2$，$i_b/2=0$のときのポテンシャルエネルギー面を**図6.5**に示す．このとき極小点の点a，点b，点cの間に，点d，点e，点f，点gで表される極小点が新たに生じている．更にi_{ex}が増加して，$Li_{ex}=\Phi_0$，$i_b/2=0$になったときのポテンシャルエネルギー面を**図6.6**に示す．この図では，最初あった極小点の点a，点b，点c

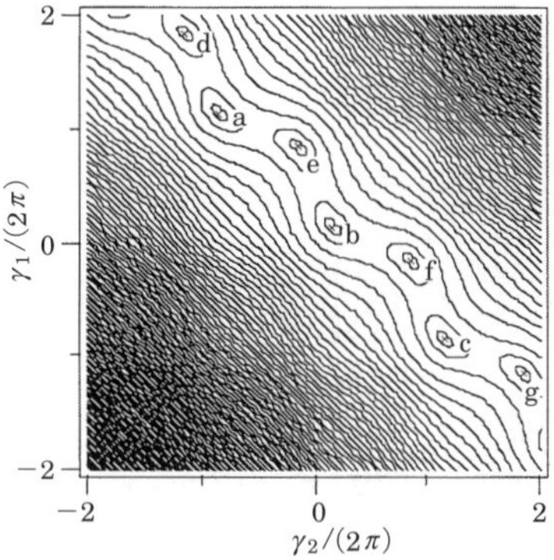

図6.5　ポテンシャルエネルギーの等高線（$Li_c/\Phi_0=0.25$，$Li_{ex}=\Phi_0/2$，$i_b/2=0$の場合）

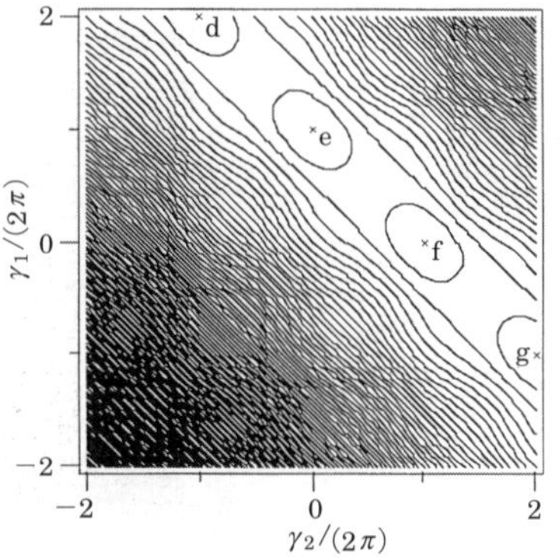

図6.6　ポテンシャルエネルギーの等高線（$Li_c/\Phi_0=0.25$，$Li_{ex}=\Phi_0$，$i_b/2=0$の場合）

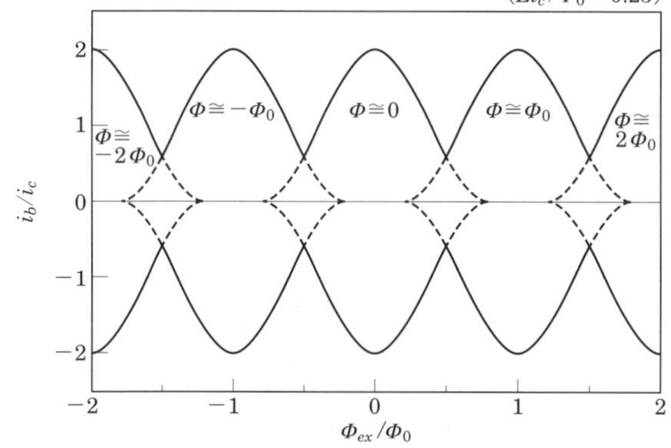

図6.7　dc-SQUIDのi_b-Φ_{ex}特性（$Li_c/\Phi_0=0.25$の場合．図6.2（b）の包絡線を示してある）

などは消滅している．極小点の点a，点b，点cが存在するのは，図6.2（b）のi_b-$\boldsymbol{\Phi}_{ex}$特性の図で，$\boldsymbol{\Phi}_{ex}=0$を中心とする少し変形した菱形領域の中にバイアス点があるときに限られる．同様に，極小点の点d，点e，点f，点gなどがあるのは，バイアス点が$\boldsymbol{\Phi}_{ex}=\boldsymbol{\Phi}_0$を中心とする菱形領域の中にあるときに限られる．図6.2（b）の各菱形領域の包絡線を示したのが**図6.7**である．図6.7で原点（0, 0）を中心とした菱形領域は，極小点の点a，点b，点cが存在する領域である．SQUIDの状態が極小点の点a，点b，点cにあるときは，実際に超伝導体ループに鎖交している磁束は$\boldsymbol{\Phi}_0$と比べると0とみなしてよい大き

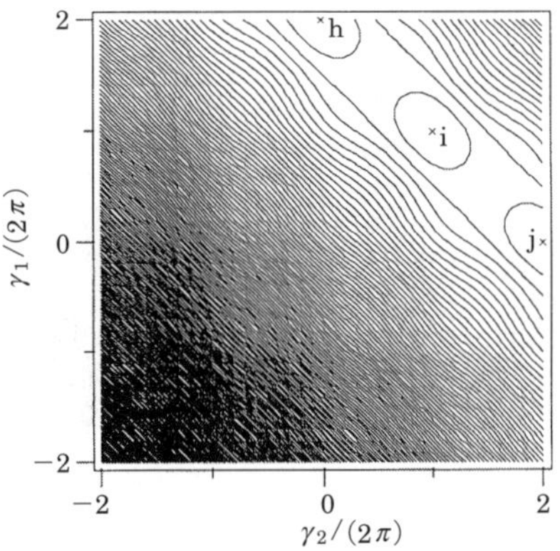

（a）ポテンシャルエネルギー$U(\gamma_1, \gamma_2)$の等高線
（$Li_c/\Phi_0=0.25$，$Li_{ex}=2\Phi_0$，$i_b/2=0$の場合）

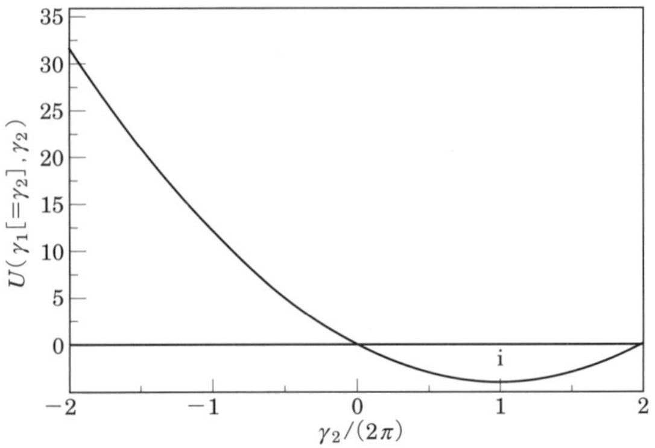

（b）図（a）において直線$\gamma_1=\gamma_2$に沿っての$U(\gamma_1, \gamma_2)$の形$U(\gamma_1[=\gamma_2], \gamma_2)$

図6.8

さである．その右の（$\Phi_{ex}, i_b) = (\Phi_0, 0$）の点を中心とする菱形領域では点d，点e，点f，点gで表される極小点が存在し，ここではおおよそΦ_0の磁束が超伝導ループに鎖交している．

ポテンシャルエネルギー面に戻り，図6.6の示すΦ_{ex}（$= Li_{ex}) = \Phi_0$，$i_b/2 = 0$のときのポテンシャルエネルギー面では，点d，点e，点f，点gなどで表される極小点のみが$\gamma_1 + \gamma_2 = 2\pi$の直線上に存在する．このときのポテンシャルエネルギー面の形状は，$Li_{ex} = 0$，$i_b/2 = 0$のときのポテンシャルエネルギー面の形状を，ちょうどγ_1軸方向に$+2\pi$ずらし，U軸方向に$\Phi_0^2/(2L)$だけ下げたものになっているとみなすこともできる．

これより更にi_{ex}を増やして，$Li_{ex} = 2\Phi_0$，$i_b/2 = 0$のときのポテンシャルエネルギー面を**図6.8**に示す．このときのポテンシャルエネルギー面は，$Li_{ex} = 0$，$i_b/2 = 0$のときのポテンシャルエネルギー面をγ_1軸方向に$+2\pi$，γ_2軸方向に$+2\pi$ずらしU軸方向に$4\{\Phi_0^2/(2L)\}$だけ下げたものになっている．$\gamma_1 - \gamma_2 = 0$に沿っての曲面Uの断面を同図（b）に示す．この図6.8のポテンシャルエネルギー面の極小点にSQUIDの状態があるときは，実際に超伝導体ループに鎖交する磁束は$2\Phi_0$である．

逆に，i_{ex}を減らして，$Li_{ex} = -\Phi_0$，$i_b/2 = 0$のときのポテンシャルエネルギー面を**図6.9**に示す．このときのポテンシャルエネルギー面は，$Li_{ex} = 0$，

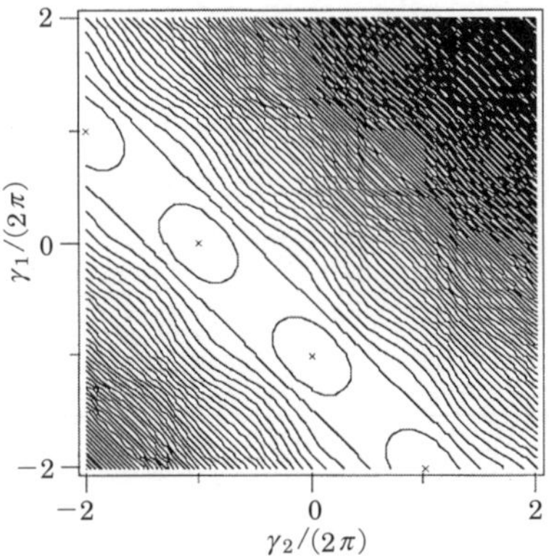

図6.9　ポテンシャルエネルギーの等高線
（$Li_c/\Phi_0 = 0.25$，$Li_{ex} = -\Phi_0$，$i_b/2 = 0$の場合）

$i_b/2=0$のときのポテンシャルエネルギー面をγ_1軸方向に-2πずらしU軸方向に$\Phi_0{}^2/(2L)$だけ下げたものになっている．このときのポテンシャルエネルギー面の極小点においては，$-\Phi_0$の磁束が超伝導体ループに鎖交している．

更に，i_{ex}を減らして，$Li_{ex}=-2\Phi_0$，$i_b/2=0$のときのポテンシャルエネルギー面を**図6.10**に示す．このときのポテンシャルエネルギー面は，$Li_{ex}=0$，$i_b/2=0$のときのポテンシャルエネルギー面をγ_1軸方向に-2π，γ_2軸方向に-2πずらしU軸方向に$4\{\Phi_0{}^2/(2L)\}$だけ下げたものになっている．このと

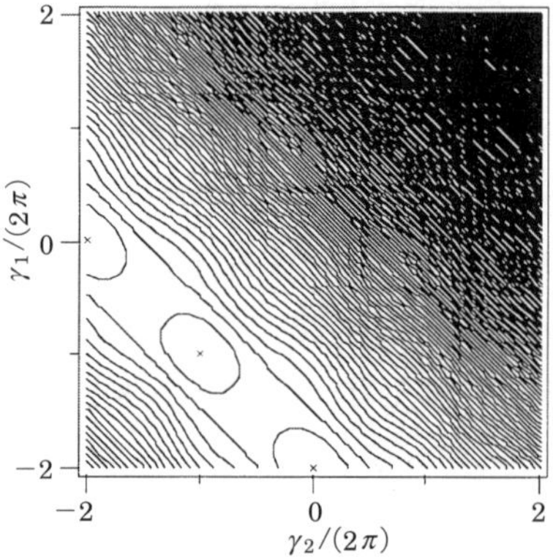

（a）ポテンシャルエネルギー$U(\gamma_1,\gamma_2)$の等高線
（$Li_c/\Phi_0=0.25$，$Li_{ex}=-2\Phi_0$，$i_b/2=0$の場合）

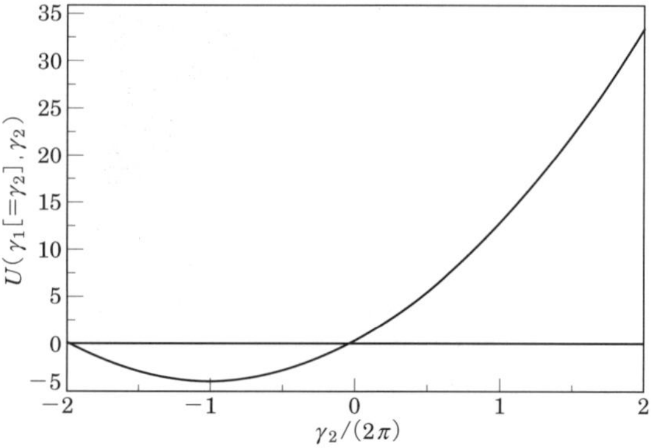

（b）図（a）において直線$\gamma_1=\gamma_2$に沿っての$U(\gamma_1,\gamma_2)$の形$U(\gamma_1[=\gamma_2],\gamma_2)$

図6.10

きのポテンシャルエネルギー面の極小点にSQUIDの状態があるときは，実際に超伝導体ループに鎖交する磁束は$-2\Phi_0$である．

再び$Li_{ex}=0$，$i_b/2=0$の状態に戻す．このときに，dc-SQUIDの系の状態が図6.4の点bで表される点にあったとする．このdc-SQUIDの系の状態を表す（γ_1，γ_2）の組に対応したエネルギー面上の点を，点Qと呼ぶことにする．$i_b/2=0$にしたまま，i_{ex}のみ徐々に0から正の値に増加させ，Φ_{ex}を0からΦ_0までゆっくり増加させる（図6.4，図6.5参照）．増加の途中でこの極小点の点bはなくなってしまうので，点Qは，点e側に移るか，点f側に移ることになる．$i_b/2=0$であれば，これらの確率はちょうど半々である．この移る過程で，$i_b/2$を少しでも正にすれば，点e側に移りやすくなり，逆に$i_b/2$を少し負にすれば点f側に移りやすくなる．系が点bの状態から点eに移る場合は，右の接合の位相γ_2はほとんど変化せず，左の接合の位相γ_1が約2π増加し，左の接合が瞬間的に電圧状態になったことに対応する．同様に，系が点bの状態から点fに移る場合は，左の接合の位相γ_1はほとんど変化せず，右の接合の位相γ_2が約2π増加し，右の接合が瞬間的に電圧状態になったことに対応する．

（2） i_bを正にした場合

再び，$\Phi_{ex}\,(=Li_{ex})=0$，$i_b/2=0$を出発点として，$\Phi_{ex}\,(=Li_{ex})=0$のまま，電流値$i_b/2$の二つの電流源が流す電流を$i_b/2>0$の向き（接合部を上から下へ流れる向き）に0から徐々に増加させていく．このように電流i_bを流す場合，図6.7のi_b-Φ_{ex}特性の図でバイアス点は原点から上へ移動する．この移動に伴い，ポテンシャルエネルギー曲面Uは，$\gamma_1-\gamma_2=0$の直線を境として，$\gamma_1-\gamma_2>0$の領域（第2象限側）でUの値が減少し，$\gamma_1-\gamma_2<0$の領域（第4象限側）でUの値が増加する．言い換えると，$\gamma_1-\gamma_2>0$の領域でエネルギー曲面Uが下がり，$\gamma_1-\gamma_2<0$の領域で曲面Uが上がる．極小点も，この電流値$i_b/2$の増加に伴い，少しずつ左上に移動していく．**図6.11**に$Li_{ex}=0$，$i_b/2=0.6\,i_c$の場合のポテンシャルエネルギー面の等高線図を示す．

更に，$Li_{ex}=0$，$i_b/2=0.6i_c$の状態から，Φ_{ex}の値のみ徐々に増やしていくと，途中で極小点が消滅する．$Li_{ex}=\Phi_0/2$，$i_b/2=0.6\,i_c$の状態のポテンシャルエネルギー面を**図6.12**に示す．このとき，i_bが正であるので，エネルギー

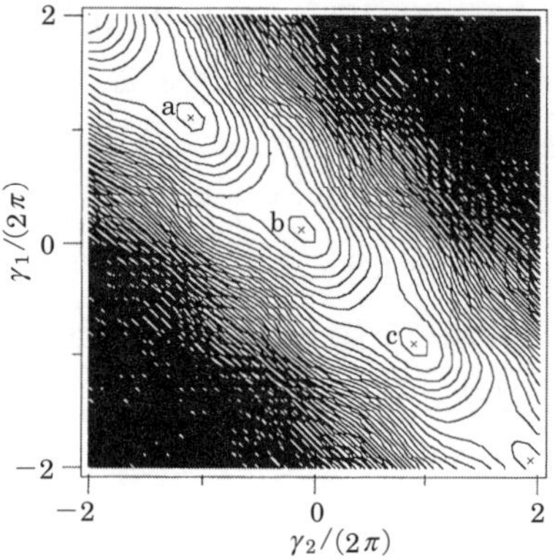

（a）ポテンシャルエネルギー $U(\gamma_1, \gamma_2)$ の等高線
（$Li_c/\Phi_0 = 0.25$，$Li_{ex} = 0$，$i_b/2 = 0.6i_c$ の場合）

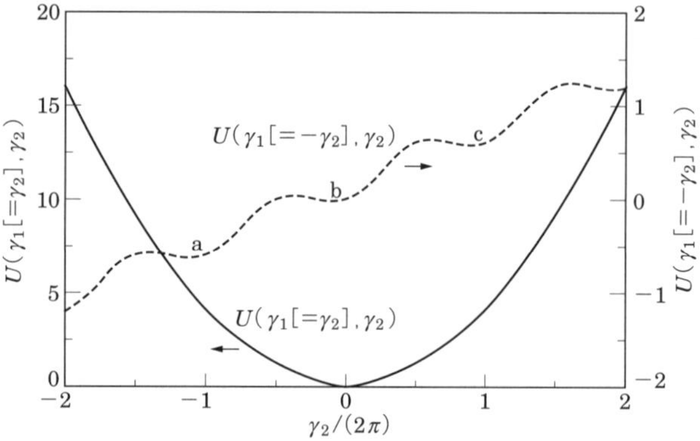

（b）図（a）において $\gamma_1 = \gamma_2$ に沿っての $U(\gamma_1, \gamma_2)$ の形 $U(\gamma_1[=\gamma_2], \gamma_2)$ と，直線 $\gamma_1 = -\gamma_2$ に沿っての $U(\gamma_1, \gamma_2)$ の形 $U(\gamma_1[=-\gamma_2], \gamma_2)$

図6.11

面の図で「第4象限（$\gamma_1 < 0$，$\gamma_2 > 0$）から，第2象限（$\gamma_1 > 0$，$\gamma_2 < 0$）へ続く谷の領域」は，第2象限の左上へ行くほどエネルギーは低くなっている．極小点が消滅すると，ポテンシャルエネルギー面上の点Qは左上のほうへずっと転がり続けることになる．このとき，位相差 γ_1 は増え続け，位相差 γ_2 は減り続けることになる．接合の電圧はこの位相差の時間微分に比例するので，接合部の上側が下側に対して正の電圧がずっと発生している状態になる．これは系が電圧状態になったことを意味する．

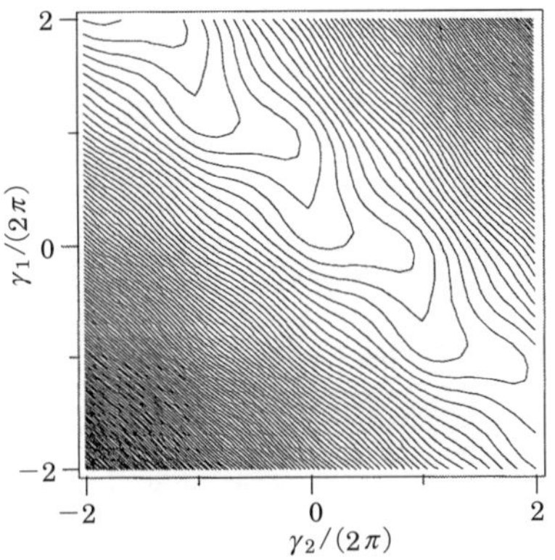

図6.12　ポテンシャルエネルギーの等高線
（$Li_c/\Phi_0 = 0.25$，$Li_{ex} = \Phi_0/2$，$i_b/2 = 0.6\,i_c$ の場合）

また，$Li_{ex} = 0$，$i_b/2 = 0.6\,i_c$ の状態から，i_b の値のみ徐々に増やし，$i_b/2$ が i_c を超えるとやはり極小点が消滅する．$Li_{ex} = 0$，$i_b/2 = 1.15\,i_c$ の状態のポテンシャルエネルギー面を**図6.13**に示す．この場合も，「第4象限から，第2象限へ続く谷の領域」で，第2象限の左上へ行くほどエネルギー面は低くなっている．極小点が消滅すると，ポテンシャルエネルギー面上の点**Q**は左上のほうへずっと転がり続けることになり，両接合はこの場合も上側が下側に対して正の電圧状態になる．

（3） i_b を負にした場合

次に，$\Phi_{ex}\,(= Li_{ex}) = 0$，$i_b/2 = 0$ の状態から，i_b の値のみ徐々に減らす．$i_b/2$ が $-i_c$ 未満になるとやはり極小点が消滅する．$Li_{ex} = \Phi_0/2$，$i_b/2 = -1.15\,i_c$ の状態のポテンシャルエネルギー面を**図6.14**に示す．i_b が負である場合は，図の谷の領域では，全体的に第2象限から第4象限側へ行くほどポテンシャルエネルギー面は低くなっているので，系の状態を表す点**Q**は右下の方向へ移動し続ける．

i_b が負のもとで，極小点が消滅すると，ポテンシャルエネルギー面上の点**Q**は右下のほうへずっと転がり続けることになる．このとき，位相差 γ_2 は増え続け，位相差 γ_1 は減り続けることになる．この場合は，接合部の上側が下側に対して負の電圧が発生している状態になる．

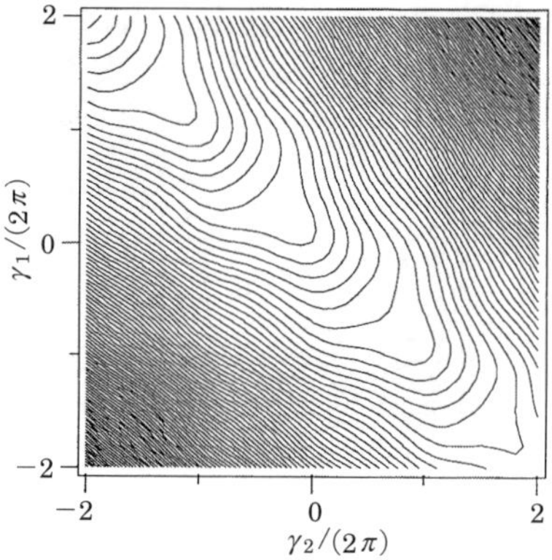

（a）ポテンシャルエネルギー $U(\gamma_1, \gamma_2)$の等高線
（$Li_c/\Phi_0 = 0.25$, $Li_{ex} = 0$, $i_b/2 = 1.15\, i_c$の場合）

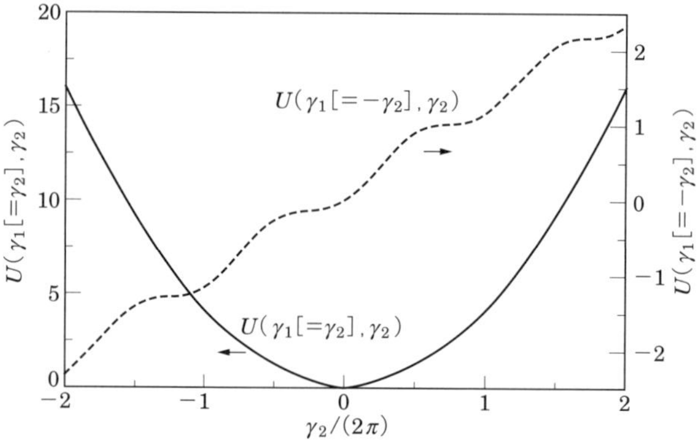

（b）図（a）において直線$\gamma_1 = \gamma_2$に沿っての$U(\gamma_1, \gamma_2)$の形$U(\gamma_1[=\gamma_2], \gamma_2)$と，
直線$\gamma_1 = -\gamma_2$に沿っての$U(\gamma_1, \gamma_2)$の形$U(\gamma_1[=-\gamma_2], \gamma_2)$

図6.13

dc-SQUIDはこのように，左右対称な構成のとき，$i_{ex} = 0$で，バイアス電流i_bのみの場合は，左と右の接合が同じようにバイアスされ，インダクタを流れる電流はない．このとき，バイアス電流i_bが，左右の接合の臨界電流の和$2\,i_c$を超えれば，二つの接合は必ず電圧状態となる．これは，電流源が臨界電流$I_c = 2\,i_c$の接合をバイアスしている場合に似ている．制御電流i_{ex}が0でないときは，少し乱暴な表現をすれば，このバイアスi_{ex}に対して，この臨界電流値I_cは変わるわけである．逆に，バイアスi_bが0でi_{ex}のみの場合は，dc-

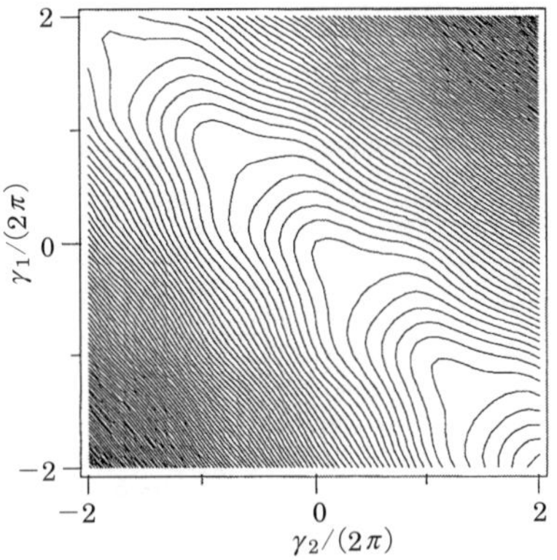

（a）ポテンシャルエネルギー の等高線
（$Li_c/\Phi_0 = 0.25$，$Li_{ex} = 0$，$i_b/2 = -1.15\,i_c$の場合）

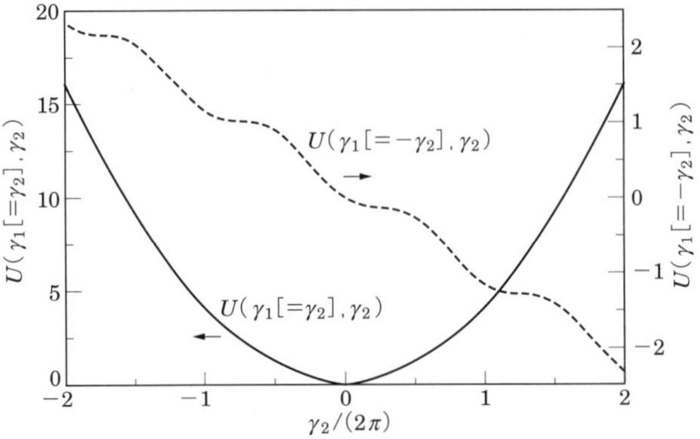

（b）図（a）において$\gamma_1 = \gamma_2$に沿っての$U(\gamma_1, \gamma_2)$の形$U(\gamma_1[=\gamma_2], \gamma_2)$と，直線$\gamma_1 = -\gamma_2$に沿っての$U(\gamma_1, \gamma_2)$の形$U(\gamma_1[=-\gamma_2], \gamma_2)$

図6.14

SQUIDは，「直列二接合に更に並列にインダクタが入る構造」とみなせ，この直列の二接合をひとまとめにすれば，rf-SQUID構造とみなすこともできる．「dc-SQUIDは，バイアス電流i_bに対しては単一のジョセフソン素子として振る舞い，制御電流i_{ex}に対しては，rf-SQUIDとして振る舞うことになる」．この描像は，dc-SQUIDの動作を，おおまかに頭の中に描きたいときに役立つ．

第 7 章

超 伝 導 線 路

本章では，超伝導体でできた伝送線路を，最も基本的な平行平板の超伝導体を例にして考えていこう．この基本的な例について，磁束密度の2乗から計算する「磁束密度に伴うエネルギー」からマグネティックインダクタンスL_Mが求まり，電流密度の2乗から計算する「電流に伴うエネルギー」からカイネティックインダクタンスL_Kを定義することができる．その和が全インダクタンスLである．マグネティックインダクタンスL_Mと線路を流れる電流I_0の積$L_M I_0$及び全インダクタンスLについての積LI_0を，線路の鎖交磁束Φと比較検討してみる．

7.1　平行平板の超伝導体線路

この節では，超伝導体の伝送線路への応用を考えていく．いたずらに構造が複雑なものを考えて，見通しが悪くなることを避けるため，簡単ではあるが，最も基本的な「一組の平行平板超伝導体から構成される伝送線路」を考えることにする[4],[5]．この伝送線路の基本的な方程式について，これまでの章で考えた事項をもとに考察を進める．

それぞれの厚さがd_1とd_2の2枚の平板の超伝導体を考え，**図7.1**のように間隔hで平行に置かれているとする．図に示すようにx-y-z座標を取る．上側超伝導体にはz軸正の向き，下側ではz軸負の向きにI_0の電流が流れているとする．このI_0はx軸方向単位長さ当たりについての電流値である．このとき，磁界はx軸方向である．ここでは，一番簡単な静磁界の場合のみ扱う．

z軸（伝搬）方向の長さは平板の厚さ，間隔などに比べて十分長く，x軸（幅）方向にも理想的に無限に長いとし，いわゆる端の効果は無視することにする．

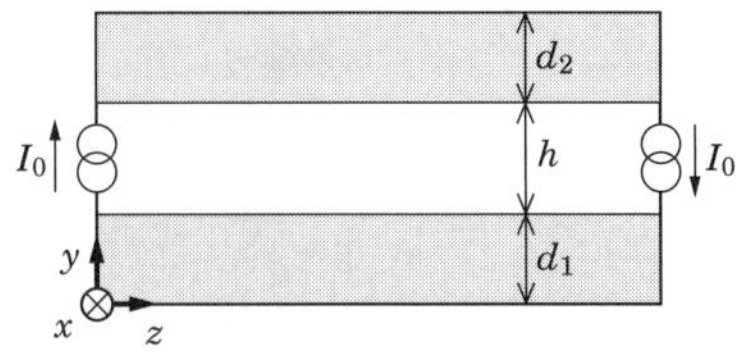

図7.1　平行平板線路（両平板の厚さはd_1とd_2で，平板間の間隔はhとする．x軸方向単位長さ当たりI_0の電流を供給する電流源を，線路の左端と右端につなぐ）

出発点となる方程式は磁束密度と電流密度について

$$\nabla\times \boldsymbol{B} = \mu_0 \boldsymbol{j} \tag{7.1}$$

と，式（4.9）と式（4.16）より得られる

$$\mu_0 \lambda^2 \nabla\times \boldsymbol{j} = -\boldsymbol{B} \tag{7.2}$$

である．ここで考えている理想的な条件のもとでは，端の効果を無視すれば，磁束密度$\boldsymbol{B}$は$\boldsymbol{B} = (B_x, 0, 0)$と置けて，$\boldsymbol{B}$の$x$成分$B_x$は$y$座標にのみ依存する．超伝導体平板中の電流密度$\boldsymbol{j}$は$\boldsymbol{j} = (0, 0, j_z)$と置けて，$\boldsymbol{j}$の$z$成分$j_z$もやはり$y$座標にのみ依存するとしてよい．

平板の厚さd_1とd_2がともにそれぞれの平板のロンドンの進入長λ_1とλ_2に比べて，十分厚いのであれば，磁束密度は2枚の平板の間の空間からそれぞれの平板のほうへ指数関数的に減少していく．電流密度もやはり第2章で既に考察したように平板の内側表面から指数関数的に減少していく．

本章では以下，必ずしも平板の厚さd_1とd_2がロンドンの進入長λに比べて十分厚いとはいえない，より一般的な場合を考察する．

図において$y \leqq 0$の領域と$y \geqq d_1 + d_2 + h$の領域の磁界はなく，それぞれの領域で$\boldsymbol{B} = \boldsymbol{0}$と置いてよい．「$y = 0$の超伝導体の表面において$\boldsymbol{B} = \boldsymbol{0}$」及び「$y = d_1 + d_2 + h$の超伝導体の表面において$\boldsymbol{B} = \boldsymbol{0}$」を境界条件とする．式（7.1）と式（7.2）より磁束密度B_xは超伝導体中でその内側表面からy座標に対してsinh的依存性で，しみ込んでいく．平板間の真空領域（$d_1 < y < d_1 + h$）での磁束密度の大きさをB_0として

$$B_x(x,y,z)=\begin{cases} B_{02}\sinh\dfrac{-y+(d_1+d_2+h)}{\lambda_2} \\ \qquad\qquad (d_1+h<y<d_1+d_2+h) \\ B_0 \qquad\qquad (d_1<y<d_1+h) \\ B_{01}\sinh\dfrac{y}{\lambda_1} \qquad (0<y<d_1) \end{cases} \tag{7.3}$$

を得る．ただし，$B_{01}=B_0/\sinh(d_1/\lambda_1)$ 及び$B_{02}=B_0/\sinh(d_2/\lambda_2)$ である．λ_i ($i=1$，2) は各超伝導体のロンドンの侵入長である．ここで，下付添え字の1(2) は下側（上側）超伝導体を表す．電流密度j_zは超伝導体中でy座標に対してcosh的依存性を持ち

$$j_z(x,y,z)=\begin{cases} j_{02}\cosh\dfrac{-y+(d_1+d_2+h)}{\lambda_2} \\ \qquad\qquad (d_1+h<y<d_1+d_2+h) \\ 0 \qquad\qquad (d_1<y<d_1+h) \\ -j_{01}\cosh\dfrac{y}{\lambda_1} \qquad (0<y<d_1) \end{cases} \tag{7.4}$$

となる．z方向に流れる電流は$0<y<d_1$の範囲のものを合わせて（x方向に単位長さ当たり）$-I_0$であるとすると

$$\int_0^{d_1} j_{01}\cosh\frac{y}{\lambda_1}=I_0 \tag{7.5}$$

より，$j_{01}=I_0/\{\lambda_1\sinh(d_1/\lambda_1)\}$ と計算できる．上側の平板についても同様にして，$j_{02}=I_0/\{\lambda_2\sinh(d_2/\lambda_2)\}$ と求まる．一方で，x-y面上で，$0\leqq x\leqq 1$，$0\leqq y\leqq d_1$で定まる長方形の領域の周囲についてのアンペールの周回積分の法則より，平板間の真空領域での磁束密度の大きさB_0とI_0の間には，$B_0=\mu_0 I_0$の関係があることが分かる．

ここで登場した双曲線関数の$\sinh u$，$\cosh u$は指数関数を使って

$$\sinh u=\frac{(e^u-e^{-u})}{2},\quad \cosh u=\frac{(e^u+e^{-u})}{2}$$

と定義される．uでの微分を$'$で表して，$(\sinh u)'=\cosh u$，$(\cosh u)'=\sinh u$，$\cosh^2 u-\sinh^2 u=1$，また$\sinh 0=0$，$\cosh 0=1$などの性質がある．

tanh$u$ と coth$u$ を $\tanh u = \sinh u / \cosh u$，$\coth u = \cosh u / \sinh u$ で定義する．

7.2　超伝導体線路のエネルギー

この節では超伝導体線路のエネルギーについて考察する．磁束密度は $y > d_1 + d_2 + h$ の領域及び $y < 0$ の領域では0であるから，下側の超伝導体平板中，平板間の真空中，上側の超伝導体平板中の三つの領域に分けて評価すればよい．下付添え字の $i = 3$ で平板間の真空領域を表すことにする．既に述べたように，下付添え字の $i = 1$（2）は下側（上側）超伝導体を表す．ここでは，磁束密度 $\boldsymbol{B}$ に伴うエネルギーと超伝導電流 $\boldsymbol{j}$ に伴うエネルギーを考えればよい．磁束密度 $\boldsymbol{B}$ に伴うエネルギー $\boldsymbol{E_M}$ は，B を磁束密度の大きさとして単位体積当たり $B^2/(2\mu_0)$ である．電流に伴うエネルギー $\boldsymbol{E_K}$ は，j を電流密度の大きさとして単位体積当たり $\mu_0(\lambda_j)^2 j^2/2$ である．

まず，磁束密度 $\boldsymbol{B}$ に伴う磁気エネルギーは，2枚の平板の間の真空領域中では，x 方向及び z 方向に単位長さ当たり $hB_0^2/(2\mu_0)$ である．以下，各領域における，x 方向及び z 方向に単位長さ当たりのエネルギーについて考えることにする．まず，$\boldsymbol{E}_{M_3} = hB_0^2/(2\mu_0)$ である．下側の平板中での磁束密度に伴うエネルギー $\boldsymbol{E}_{M_1}$ は

$$
\begin{aligned}
E_{M_1} &= \int_0^{d_1} \frac{B^2}{2\mu_0} dy \\
&= \int_0^{d_1} \frac{B_0^2 \sinh^2 \dfrac{y}{\lambda_1}}{2\mu_0 \sinh^2 \dfrac{d_1}{\lambda_1}} dy \\
&= \lambda_1 B_0^2 \left(\sinh \frac{2d_1}{\lambda_1} - \frac{2d_1}{\lambda_1} \right) \Big/ \left(8\mu_0 \sinh^2 \frac{d_1}{\lambda_1} \right) \\
&= \mu_0 \lambda_1 I_0^2 \left(\sinh \frac{2d_1}{\lambda_1} - \frac{2d_1}{\lambda_1} \right) \Big/ \left(8 \sinh^2 \frac{d_1}{\lambda_1} \right)
\end{aligned}
\tag{7.6}
$$

同様に上側の平板中では磁束密度に伴うエネルギー $\boldsymbol{E}_{M_2}$ は

$$
E_{M_2} = \mu_0 \lambda_2 I_0^2 \left(\sinh \frac{2d_2}{\lambda_2} - \frac{2d_2}{\lambda_2} \right) \Big/ \left(8 \sinh^2 \frac{d_2}{\lambda_2} \right) \tag{7.7}
$$

である．下側の平板中で超伝導電流に伴うエネルギー $\boldsymbol{E}_{K_1}$ は

$$E_{K_1}=\int_0^{d_1}\frac{\mu_0\lambda_1{}^2 j^2}{2}\,dy$$
$$=\int_0^{d_1}\frac{1}{2}\mu_0\lambda_1{}^2 j_{01}{}^2\cosh^2\frac{y}{\lambda_1}\,dy$$
$$=\frac{1}{8}\mu_0\lambda_1{}^3 j_{01}{}^2\left(\sinh\frac{2d_1}{\lambda_1}+\frac{2d_1}{\lambda_1}\right)$$
$$=\mu_0\lambda_1 I_0{}^2\left(\sinh\frac{2d_1}{\lambda_1}+\frac{2d_1}{\lambda_1}\right)\Big/\left(8\sinh^2\frac{d_1}{\lambda_1}\right) \qquad (7.8)$$

（途中，$j_{01}=I_0/\{\lambda_1\sinh(d_1/\lambda_1)\}$ を使った）

既に求めた磁束密度に対応するエネルギーE_{M_1}と，この超伝導電流に伴うエネルギーE_{K_1}の和$E_{M_1}+E_{K_1}$は

$$E_{M_1}+E_{K_1}=\mu_0\lambda_1 I_0{}^2\left(\sinh\frac{2d_1}{\lambda}-\frac{2d_1}{\lambda_1}\right)\Big/\left(8\sinh^2\frac{d_1}{\lambda_1}\right)$$
$$+\mu_0\lambda_1 I_0{}^2\left(\sinh\frac{2d_1}{\lambda_1}+\frac{2d_1}{\lambda_1}\right)\Big/\left(8\sinh^2\frac{d_1}{\lambda_1}\right)$$
$$=\mu_0\lambda_1 I_0{}^2\sinh\frac{2d_1}{\lambda_1}\Big/\left(4\sinh^2\frac{d_1}{\lambda_1}\right)$$
$$=\frac{1}{2}\mu_0\lambda_1 I_0{}^2\coth\frac{d_1}{\lambda_1} \qquad (7.9)$$

同様にして上側の超伝導体平板の磁気エネルギーE_{M_2}と，カイネティックな超伝導電流に伴うエネルギーE_{K_2}の和$E_{M_2}+E_{K_2}$は$\mu_0\lambda_2 I_0^2\{\coth(d_2/\lambda_2)\}/2$となる．上下の平板の間の真空の領域では電流はないから，エネルギーは磁束密度に対応するエネルギーE_{M_3}だけで$E_{M_3}=hB_0^2/(2\mu_0)=\mu_0 hI_0^2/2$である．これら三領域のエネルギーを加え合わせて平行平板の（x方向及びz方向に単位長さ当たりの）エネルギーEは

$$E=\frac{1}{2}\mu_0 hI_0{}^2+\frac{1}{2}\mu_0\lambda_1 I_0{}^2\coth\frac{d_1}{\lambda_1}+\frac{1}{2}\mu_0\lambda_2 I_0{}^2\coth\frac{d_2}{\lambda_2} \qquad (7.10)$$

となる．（x方向及びz方向に単位長さ当たりの）インダクタンスLは$E=LI_0^2/2$より

$$E=\mu_0\left\{h+\lambda_1\coth\frac{d_1}{\lambda_1}+\lambda_2\coth\frac{d_2}{\lambda_2}\right\} \qquad (7.11)$$

と求まる．

　このインダクタンスを二つの成分に分けて，磁束密度から求まるエネルギーに対応するインダクタンスを，マグネティックインダクタンスと呼ぶ．電流密度から求まるエネルギーに対応するインダクタンスをカイネティックインダクタンスと呼ぶ．

$$\begin{aligned} E_M &= E_{M1} + E_{M2} + E_{M3} \\ &= \mu_0 \lambda_1 I_0{}^2 \left(\sinh \frac{2d_1}{\lambda_1} - \frac{2d_1}{\lambda_1} \right) \Big/ \left(8 \sinh^2 \frac{d_1}{\lambda_1} \right) \\ &\quad + \mu_0 \lambda_2 I_0{}^2 \left(\sinh \frac{2d_2}{\lambda_2} - \frac{2d_2}{\lambda_2} \right) \Big/ \left(8 \sinh^2 \frac{d_2}{\lambda_2} \right) \\ &\quad + \frac{1}{2} \mu_0 h I_0{}^2 \end{aligned} \tag{7.12}$$

と

$$\begin{aligned} E_K &= E_{K1} + E_{K2} \\ &= \mu_0 \lambda_1 I_0{}^2 \left(\sinh \frac{2d_1}{\lambda_1} + \frac{2d_1}{\lambda_1} \right) \Big/ \left(8 \sinh^2 \frac{d_1}{\lambda_1} \right) \\ &\quad + \mu_0 \lambda_2 I_0{}^2 \left(\sinh \frac{2d_2}{\lambda_2} + \frac{2d_2}{\lambda_2} \right) \Big/ \left(8 \sinh^2 \frac{d_2}{\lambda_2} \right) \end{aligned} \tag{7.13}$$

であるから

$$E_M = \frac{1}{2} L_M I_0{}^2 \tag{7.14}$$

$$E_K = \frac{1}{2} L_K I_0{}^2 \tag{7.15}$$

と置いて，マグネティックインダクタンスL_M及びカイネティックインダクタンスL_Kを定義する．このL_MとL_Kの和は先に定義したLと等しく，$L = L_M + L_K$である．このL_M及びL_Kは次のように求まる．

$$\begin{aligned} L_M &= \mu_0 \lambda_1 \left(\sinh \frac{2d_1}{\lambda_1} - \frac{2d_1}{\lambda_1} \right) \Big/ \left(4 \sinh^2 \frac{d_1}{\lambda_1} \right) \\ &\quad + \mu_0 \lambda_2 \left(\sinh \frac{2d_2}{\lambda_2} - \frac{2d_2}{\lambda_2} \right) \Big/ \left(4 \sinh^2 \frac{d_2}{\lambda_2} \right) \\ &\quad + \mu_0 h \end{aligned} \tag{7.16}$$

$$L_K = \mu_0\lambda_1\left(\sinh\frac{2d_1}{\lambda_1}+\frac{2d_1}{\lambda_1}\right)\bigg/\left(4\sinh^2\frac{d_1}{\lambda_1}\right)$$
$$+\mu_0\lambda_2\left(\sinh\frac{2d_2}{\lambda_2}+\frac{2d_2}{\lambda_2}\right)\bigg/\left(4\sinh^2\frac{d_2}{\lambda_2}\right) \qquad (7.17)$$

また，磁束密度$\boldsymbol{B}$の積分から鎖交磁束Φを計算できる．これらの式を使い，$L_M I_0$，$L_K I_0$及びLI_0をΦと比較して**図7.2**に示す．図では，$\lambda_1 = \lambda_2 = \lambda$，$d_1 = d_2 = d$，$h = \lambda$と仮定した．横軸の$d$は$\lambda$で正規化し，縦軸の$L_M I_0$，$L_K I_0$，$LI_0$，$\Phi$は$\lambda\mu_0 I_0$で正規化してある．この図からわかるように，マグネティックインダクタンスL_Mと線路を流れる電流I_0の積は鎖交磁束Φに等しくないので注意が必要である．一般には$L_M I_0 < \Phi < LI_0$の関係が成り立つ．超伝導体の厚さdが小さくなる極限では，鎖交磁束Φは$L_M I_0$の値に漸近する．超伝導体の厚さdがロンドンの進入長に比べて大きくなる極限では，鎖交磁束Φの値は積LI_0に漸近する．

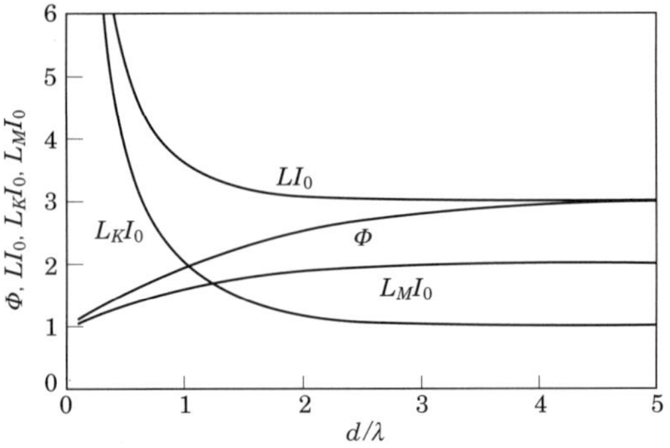

図7.2 平行平板線路の鎖交磁束Φとインダクタンスと電流の積（$L_M I_0$，$L_K I_0$，LI_0）の比較
（$\lambda_1 = \lambda_2 = \lambda$，$h = \lambda$，$d_1 = d_2 = d$と仮定．横軸は平板の厚さ$d$とロンドンの侵入長$\lambda$の比．縦軸はともに$\lambda\mu_0 I_0$で正規化．$L_M$と$L_K$はそれぞれ単位長さ当たりのマグネティックインダクタンスとカイネティックインダクタンス，LはL_MとL_Kの和．I_0はx軸方向単位長さ当たり平板に流れる電流）

第 8 章

ディジタル回路

本章では，超伝導デバイスを使った論理回路と記憶回路について説明する．ジョセフソン素子は2端子の素子であるから，これを論理回路の基本素子として使うには回路的な工夫を必要とする．入力電流によりその発生する磁界でジョセフソン素子の臨界電流値を制御する方法か，電流をジョセフソン素子に直接注入する方法が使われる．また，磁束量子を情報担体とする論理回路方式もある．半導体では基本的に，負荷抵抗が論理素子に直列接続され，論理素子と負荷抵抗とで電圧を分割する割合を変える．これに対して，超伝導の論理回路では負荷抵抗が論理素子と並列接続され，論理素子と負荷抵抗間で電流を分割する割合を変える．また，超伝導の記憶回路の基本要素は超伝導量子干渉計（SQUID）である．磁束量子のあるなしを「1」，「0」に対応させて記憶する．

8.1 論理回路

8.1.1 論理回路素子（クライオトロンとジョセフソン素子）

超伝導体を使った論理回路，記憶回路などの計算機素子の提案としてはバックによる超伝導体デバイス（クライオトロンと呼ばれる）[6] が最初である．クライオトロンでは電極部を例えばPbで構成し，一部をSnやInという比較的臨界温度が低く臨界磁界の小さな材料にしておく．この臨界温度が低い材料でつくられた「弱超伝導部分」が，超伝導状態から常伝導状態へ転移することを利用する．このクライオトロンと並列に負荷抵抗をつなぎ，ある一定のバイアス電流を流すことにする．この「弱超伝導部分」には，近接して入力の制御線を設けてある．次に，制御線に電流を流すことにより，弱超伝導部分が超伝導状態から常伝導状態に転移する．この転移に伴い，その抵抗値が変わる．「弱超伝導部分」の常伝導状態での抵抗値が負荷抵抗よりも大きくなるように設計すると，転移後はバイアス電流は負荷抵抗を流れるようになり，スイッチング動作が行える．

【「0」状態】　制御線に電流が流れていなければ，バイアス電流はすべて，クライオトロンを通して流れる．並列に接続してある負荷抵抗には電流が流れない．

【「1」状態】　制御線に電流が流れ，「弱超伝導部分」に加わる磁界がその臨界磁界を超え，「弱超伝導部分」が超伝導状態から常伝導状態にバルクとして転移する．バイアス電流は並列に接続してある負荷抵抗に流れる．

しかしながら，このクライオトロンデバイスでは，デバイススイッチング速度が数十nsと，ジョセフソン素子に比べて遅いという欠点がある．また，出力可能な電圧の大きさの点でも，以下に述べるジョセフソン素子を使った方式のほうが優位である．

8.1.2 ジョセフソン素子を使った論理回路

次に，ジョセフソン素子を非線形素子として使った論理回路の原理を述べる．ジョセフソン素子は2端子素子である．3端子の素子ではないので，この2端子素子で論理回路を構成するには，回路的な工夫を必要とする．基本回路はスイッチング素子としてのジョセフソン素子と負荷となる抵抗との並列回路であり，「ジョセフソン素子と負荷抵抗のそれぞれに流れる電流の比」を入力信号により変えるものである．これは半導体素子において，負荷抵抗をトランジスタと直列に置き，入力により負荷抵抗とトランジスタのそれぞれに加わる電圧の比を変えるのと対照的である．

図8.1のようにジョセフソン素子（図中JJと略記）と負荷抵抗R_Lを並列に置き，電流源により一定のバイアス電流I_{bias}を流す．ジョセフソン素子の電流-電圧特性にこの負荷抵抗R_Lの負荷直線を書き加えると**図8.2**のようにな

る．負荷直線の電流軸との切片（電流軸と交差する点）は，電流源の電流値に等しい．このバイアスする電流源の電流値を，ジョセフソン素子に磁界を加えていないときの臨界電流値I_{c0}より，少しだけ小さく設定することにより，負荷直線はジョセフソン素子の電流-電圧特性と2点で交差することになる．ジョセフソン素子が非線形でヒステリシスのある電流-電圧特性を持つため，このように二つの安定点を設定できる（仮に，このジョセフソン素子を，「電流-電圧特性が線形である抵抗」に置き換えてしまうと，直線と直線の交差になるので，安定点は一つになってしまう）．実際に素子を製作する場合も，このジョセフソン素子の非線形性を大きくすること，特にギャップ電圧V_g以下の電圧領域$0 < V < V_g$で流れる電流値を小さくすることが素子製作における一つの目標である．この交差する2点のうち電圧が0であるほうを「0」状態，有限な電圧（2～3 mV）が生じている状態を「1」状態と呼ぶことにすると，「0」状態から「1」状態に転移させるには次の二つの方法がある．

（i）　外部から磁界を印加してジョセフソン素子の臨界電流値（最大ジョセフソン電流の値）I_cを小さくする方法

（ii）　入力電流を直接ジョセフソン素子に流し，バイアス電流との和をI_cより大きくする方法

前者の方法による論理回路は，磁気［磁界］結合形論理回路，後者によるものは電流注入形論理回路と呼ばれる．以下各種の論理回路を簡潔に説明する．

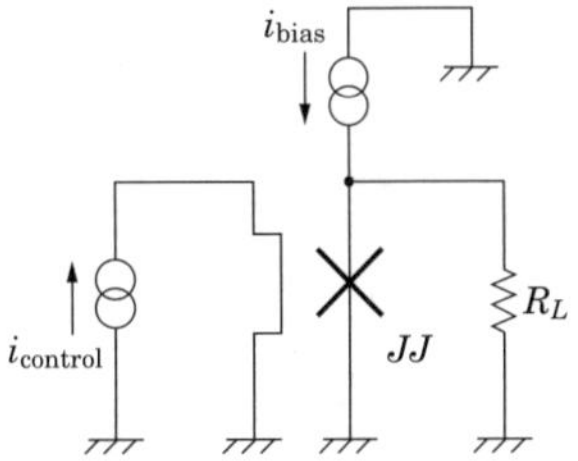

図8.1　負荷抵抗を並列に接続したジョセフソン素子

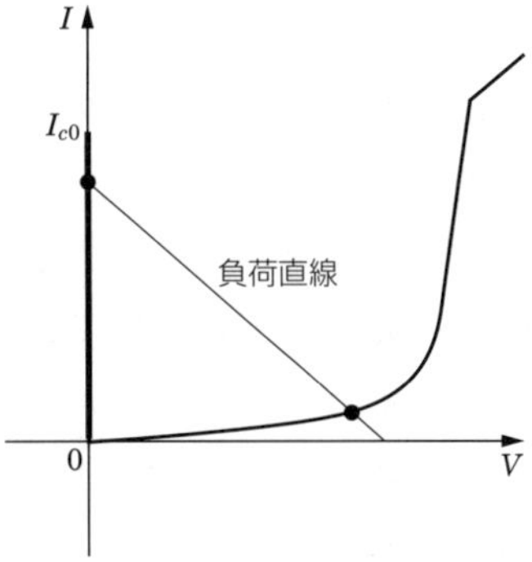

図8.2　トンネル形ジョセフソン素子の電流-電圧特性と負荷直線

（a） 磁気結合形論理回路 磁気結合形ではジョセフソン素子そのものの磁界応答を利用する．入力電流がジョセフソン素子のすぐ近くを流れ，入力電流のつくる磁界により素子の臨界電流を変える．複数の入力に対しては，これらの入力線を並列に配置して，素子のすぐ上をはわせることにより実現できる．素子の接合面積が大きいほど素子の磁界感度は大きく，論理素子として使うには，素子の接合寸法が0.1 mmあるのが望ましいことになる．

（b） Josephson Tunneling Logic（JTL） このJTL回路の場合には，スイッチングする基本素子を「単一の接合」から，「多接合を含むSQUID構造」として，入力の制御電流に対する感度を上げる．これにより超伝導ループに鎖交する磁束をつくる制御電流がある値に達したときに，SQUID全体として流すことができる超伝導電流が，急激に減少するように設計することが可能で，入力である制御電流に対して大きな感度を得ることができる．このような論理回路としては，対称な二接合SQUIDを用いるJosephson Interferometer Logic（JIL）[7]，非対称の二接合SQUIDを用いるAsymmetric Interferometer Logic（AIL）[8] などがある．

（c） 直接結合形論理回路 この「直接結合形」ではジョセフソン素子（若しくはSQUID）に直接，入力の電流を注入し，高い利得を得る．この直接注入された入力電流と，バイアス電流の和がジョセフソン素子（若しくはSQUID）の臨界電流値を超えると，素子は電圧状態にスイッチする．しかし，この方式では入出力分離に注意がいる．「入出力分離ができる他の磁気結合形回路」と組み合わせて用いるなどの工夫が必要となる．

直接結合形には単一接合を使う方式のほかに，接合を多数使う方式がある．この接合を多数使う方式は，更にSQUID形と抵抗結合形に分けられる．SQUID形では，インダクタで結合したジョセフソン素子を使い，Current Injection Logic[9]，Variable Threshold Logic[10]，4 JL[11] などの回路形式がある．抵抗結合形では，抵抗で互いをつないだジョセフソン素子を用い，Josephson Atto Weber Switch[12]，Direct Coupled Logic[13]，Resistor Coupled Josephson Logic[14]，Resister Coupled Logic[15] などの回路がある．

SQUIDを使った回路方式では，素子の臨界電流とインダクタのインダクタンスLの積は磁束量子の程度であり，インダクタンスLをある程度以下に小さくすることができない．これに対して抵抗結合形では，この制約がないので，ゲートの占める面積を小さくできる利点がある．

（d） フラクソイド論理回路（単一磁束量子論理回路；Single Flux Quantum（SFQ）Logic）　負荷として抵抗の代わりにインダクタを用いるものとして，フラクソイド論理回路がある[16]．これまでに述べたジョセフソン論理回路が，抵抗を負荷とする論理回路であり，零電圧状態と電圧状態にそれぞれ，「0」，「1」を対応させているのに対して，フラクソイド論理回路では，インダクタを負荷とし，接合電流の位相差依存性が持つ非線形性と組み合わせて，「超伝導体ループに異なる磁束量が鎖交する二つの安定状態」を実現し，「0」，「1」に対応させている．このようにフラクソイド論理回路は，磁束の形で情報を蓄え，伝達する．この論理回路では必ずしもトンネル形の素子だけでなく，弱結合形の素子も使用でき，ジョセフソン素子のタイプを選ばないという長所もある．弱結合形素子は浮遊容量も小さく，より高速な動作が期待できる．

8.1.3 論理回路のスイッチング時間

論理回路の速さを，最も簡単な単一素子をスイッチさせる場合で考えよう．この論理回路のスイッチング時間は以下に述べるように，大まかに「ターンオン遅延時間」，「立上がり時間」，「伝搬遅延」，「クロスオーバ時間」に分けて考えられることが多い．

（a） ターンオン遅延時間　ポテンシャルエネルギーで定まる「洗濯板モデル」で説明する．ポテンシャルエネルギーを縦軸に，接合の「ゲージ不変な位相差」を横軸に取ると，回路全体のポテンシャルエネルギーは，第5章で説明したように，電流源のポテンシャルエネルギーに対応する右下がりの直線に，接合のエネルギーに対応する正弦波が重畳された形としてよい．素子がスイッチする前の「零電圧状態」では，「質点」はポテンシャル曲線（洗濯板）上の極小値である安定点に停止している．ここでは，特にジョセフソン接合をその臨界電流I_cより少し小さな値でバイアスしているところから考え始める．このとき，接合の「ゲージ不変な位相差」は$\pi/2$よりほんの少し小さな値になっている．接合をちょうど臨界電流I_cでバイアスした場合，この「質点」のある位置はもはや極小点ではなくなる．次に，バイアス電流をI_cより少し大きな値にする．この状況では，ポテンシャル曲線は傾きが常に負の，右下がりの曲線となる．よって，「質点」は落下し始める．この質点が運動エネルギーを獲得し，ある程度の速度に加速するのに必要な時間が「ターンオン遅延時間」であると考えてよい．接合の「ゲージ不変な位相差」で考えると，この「ゲージ不変な位相差」が$\pi/2$からπまで増加するまでに必要な時間とみなすこともできる．洗濯板モデルで分かるように，臨界電流を少し超える値のバイアス電流を流したとき，接合のポテンシャルエネルギーに対応する凸凹があるため，電流源のポテンシャルエネルギー自体の傾きよりも，質点のある場所での傾きは，非常に緩やかな右下がりになっている(図5.13参照)．増加後のゲート電流が接合の臨界電流I_cに近ければ近いほど，質点のある点での傾きはわずかなものとなり，質点の加速に時間がかかり，この「ターンオン遅延時間」は非常に大きなものとなる．バイアス電流の最終値をI_cよりわずかに大きな値ではなく，I_cよりずっと大きな値まで増やすこと（「オーバドライブ」と呼ばれる）により，この「ターンオン遅延時間」を短くすることができる．

（b） 立上がり時間　「ターンオン遅延時間」を経過し，接合の「ゲージ不変な位相差」がπを超えた後を，洗濯板モデルで考える．「質点」は斜面を転げ落ちていき，徐々にその速度（この速度は接合の電圧vに対応する）は増えていくことになる．この状況では，接合自体のポテンシャルエネルギーの周期的な凸凹はもはや「質点」の運動に二次的な影響しか与えない．この状況におけるトンネル接合の簡単な等価回路としては，接合の$i=i_c\sin\gamma$の項は無視でき，簡単にRとCの並列回路に電流値I_Bの電流源で電流を流している回路を考えるとよい．Cは主に接合の容量としてよい．ここでは，電圧がギャップ電圧以下の領域で議論しているので，Rは「接合のギャップ電圧以下での等価抵抗値R_{sg}」である．回路のCR時定数により，位相が増加し，接合の両端の電圧vは0より増加していく．位相差がπを超えて増加し，電圧が生じ出した後の等価回路としては，$R_{sg}I_B > V_g$（I_Bはバイアス電流，V_gは接合のギャップ電圧の値）であり，電圧vは近似的に$v=R_{sg}I_B\{1-\exp(-t/(CR_{sg}))\}$の形で変化するとみなすことができる．0に近い値からV_gまで増えるのに必要な時間t_rは$R_{sg}I_B\{1-\exp(-t_r/(CR_{sg}))\}=V_g$より，$t_r=-(CR_{sg})\ln\{1-V_g/$

$(I_B R_{sg})\} \approx CV_g/I_B$で表される．このとき，接合自体のポテンシャルエネルギーの周期的な凸凹はもはや「質点」の運動に二次的な影響しか与えず，「ゲージ不変な位相差γの時間微分」，言い換えれば「接合の電圧」がこの「周期的な凸凹」に応じて少し振動する．しかし，全体の振舞い，特に「電圧が立ち上がっていく時間」は，この回路の「CR時定数」で定まると考えてよい．電圧が増えはじめてから，接合のギャップ電圧になるまでの時間t_rが「立上がり時間」である．

（c）伝搬遅延　ある論理素子がスイッチした信号は伝送線路（ストリップライン）を介して，別の少し離れた論理素子に伝えられる．この論理素子間の伝送線路の長さをLとすると，この長さLを信号が伝わる速度vで割っただけの時間L/vが信号伝搬に必ず必要で，このために必要な時間が「伝搬遅延時間」と呼ばれるものになる．

（d）クロスオーバ時間　次に，「クロスオーバ時間」がある．磁気結合形論理回路で考える．これは次のように考えれば分かりやすいであろう．制御ラインがn個の次段回路の制御入力となっているときは，n個のインダクタが直列に入っていて，信号が各インダクタを通過するには「ある時間」が必要となる．この時間も，次段の論理素子に等価的に入力電流が流れるまでの，「時間遅れ」の一つに加える必要がある．この時間遅れは磁気結合形では，インダクタと抵抗の並列回路に電流源をつないだ簡単な等価回路（時定数L/R）で考えられる．この等価回路で，インダクタは制御ラインのインダクタンスLに等しく，制御ラインがn個の回路の制御入力となっているときは，n倍すればよい．抵抗は伝送線路の特性インピーダンスZ_0の大きさに等しいので，クロスオーバ時間はnL/Z_0の大きさで評価できる．

実際の回路では，以上のそれぞれの遅延時間成分は，各々が完全に分離して評価できるものではなく，互いに完全に分離して評価はできない．数値解析での評価が必要である．

8.2　記 憶 回 路

8.2.1　干渉計形記憶セル

この項では単一磁束量子記憶セルを中心に記憶回路の基本的な考え方と，

動作を述べる．超伝導回路による記憶回路の代表格として，「干渉計形記憶セル」と「超伝導ループ形記憶セル」を説明する．

「干渉計形記憶セル」は，dc-SQUIDを基本構造として使う[17]，[18]．記憶セルのdc-SQUIDのインダクタには3本の制御線が磁気的に結合している．直流バイアス用電流$i_{x\mathrm{bias}}$，x方向の制御電流i_x，及び対角方向の制御電流i_d及び直流バイアス電流i_yである（「干渉計形記憶セル」は一つの記憶回路用集積回路上に多数個あり，その集積回路全体をx方向に流す制御電流を「x方向の制御電流i_x」，回路全体を対角線方向に流す制御電流を「対角方向の制御電流i_d」と略記する．後に出てくる「y方向に流れるバイアス電流i_y」は回路全体をy方向に流れる）．

6.4節の章で述べたように，少し直感的な描像であるが，大まかにいえば「dc-SQUIDは，バイアス電流I_bに対しては単一のジョセフソン素子として振る舞い，制御電流i_{ex}に対してはrf-SQUIDとして振る舞う」ことになる．「0」若しくは「1」の書込みは，dc-SQUIDの「rf-SQUID的動作」を利用する．読出しでは，dc-SQUID特有の電圧転移と磁束量子転移をうまく使うことになる．「干渉計形記憶セル」では，**図8.3**に等価回路を示すように，3本の制御線（x方向の制御電流i_x，直流バイアス電流$i_{x\mathrm{bias}}$，対角方向の制御電流i_d）が超伝導ループに磁気結合している．また超伝導ループの上側の超伝導インダクタの真ん中からy方向に流れるバイアス電流i_y（後の説明上，図8.3ではi_bと記す）が注入され，二つの接合の下側を結んだ点である基準点から出ていく．このセルのしきい値特性は基本的にdc-SQUIDのものと同じと考えてよい．第6章と同じように，以下の解析ではバイアス電流の注入点をインダクタの中央から両端に移して，解析しやすいモデルで考えることにする．3本の制御電流の和は6.1節で述べたi_{ex}に対応し，y方向のバイアス電流i_yは同じく6.1節で述べたバイアス電流i_bに対応すると考えてよい．以下，第6章での説明との対応を考えて，制御電流にはi_{ex}，バイアス電流にはi_bの記号を使うことにする．このバイアス電流i_bは電流値$i_b/2$の二つの電流源に分けて，一方は左の接合を上から下に流し，もう一方は右の接合を上から下に流すことにより，第6章で扱ったdc-SQUIDの等価回路と同じとなる．

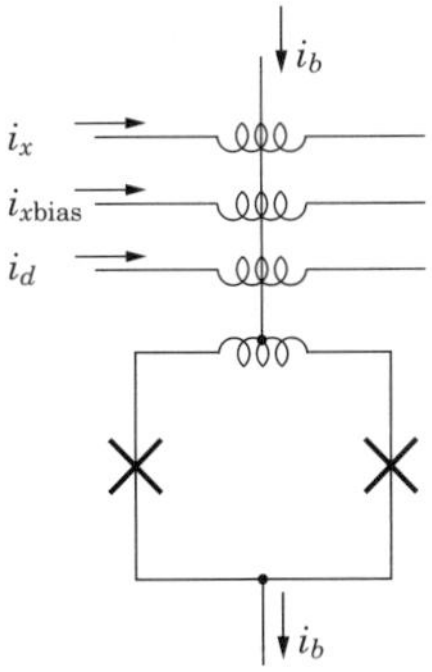

図8.3　干渉計形記憶セル

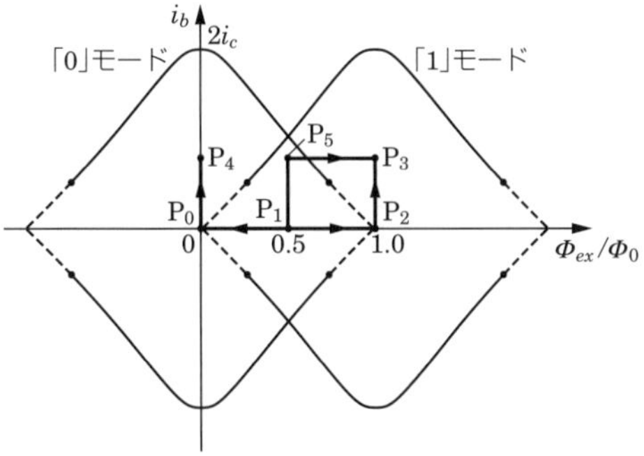

図8.4　干渉計形記憶セルのしきい値特性

図8.4に示す縦軸i_b-横軸i_{ex}のしきい値特性図で，「0」モードと，「1」モードの重なりの真ん中にバイアス点P_1を取る．図で$\Phi_{ex} = Li_{ex}$である．制御電流の直流分（バイアス）として$i_{x\text{bias}}$を流し，バイアス点をP_1にする．解析には，第6章で導いたdc-SQUIDのポテンシャルエネルギーUの式（6.42）を使うことができる．

$$\frac{2L}{\Phi_0^2}U(\gamma_1, \gamma_2) = -\frac{bi_{ex}}{\pi i_c}(\gamma_1+\gamma_2) + \frac{bi_b}{2\pi i_c}(-\gamma_1+\gamma_2) + \frac{(\gamma_1+\gamma_2)^2}{4\pi^2} + \frac{b}{\pi}\{(1-\cos\gamma_1)+(1-\cos\gamma_2)\} \tag{8.1}$$

式（8.1）の中のbは$b = Li_c/\Phi_0$であり，この値を具体的に$b = 0.5$として，以下動作を考察する．

まず，電流値$i_{ex} = 0$で$i_b = 0$の場合にポテンシャルエネルギーUの等高線を示すと**図8.5**（a）になる．この曲面Uは，第1象限及び第3象限が高く盛り上がる．この曲面Uの直線$\gamma_1 + \gamma_2 = 0$に沿っての値と直線$\gamma_1 - \gamma_2 = 0$に沿っての値を同図（b）に示す．極小点の点a（$\gamma_1 = 2\pi$, $\gamma_2 = -2\pi$），点b（$\gamma_1 = 0$, $\gamma_2 = 0$），点c（$\gamma_1 = -2\pi$, $\gamma_2 = 2\pi$）などを含む，直線$\gamma_1 + \gamma_2 = 0$に沿っての谷の領域がある形状をUは持つ．電流値$i_{ex} = 0$で$i_b = 0$の場合には，洗濯板モデルでSQUIDの状態を表す点Qは直線$\gamma_1 + \gamma_2 = 0$に沿ってのどれかの極小点にある．このように，最初のバイアス点P_1の（Φ_{ex}, i_b）=（$\Phi_0/2$, 0）では，この

dc-SQUIDにいくつかの安定点があることが分かる．

このdc-SQUIDのポテンシャルエネルギーUの式（8.1）の中に，電流値i_{ex}とi_bは，$-\{b/(\pi i_c)\}(\gamma_1+\gamma_2)i_{ex}+\{b/(2\pi i_c)\}(\gamma_2-\gamma_1)i_b$という形で入ってくる．電流値$i_b$と$i_{ex}$の値がともに0の場合のポテンシャルエネルギー面に比べて，電流値i_bのみを正の値にしたときのポテンシャルエネルギー面は$+\{b/(2\pi)\}(\gamma_2-\gamma_1)i_b$の値の分だけ移動する．直観的に，「$\gamma_2-\gamma_1>0$の領域（図8.5（a）の第4象限側）」では（$\gamma_2-\gamma_1$）の値に比例した分だけポテンシャルエネルギー面$U$が上がり，「$\gamma_2-\gamma_1<0$の領域（図8.5（a）の第2象限側）」で

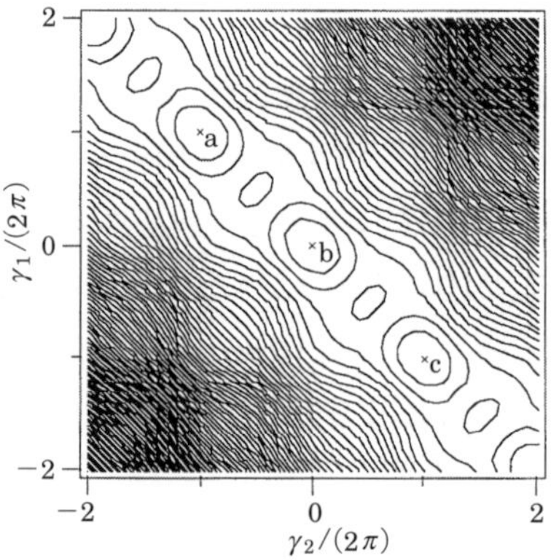

（a）等高線

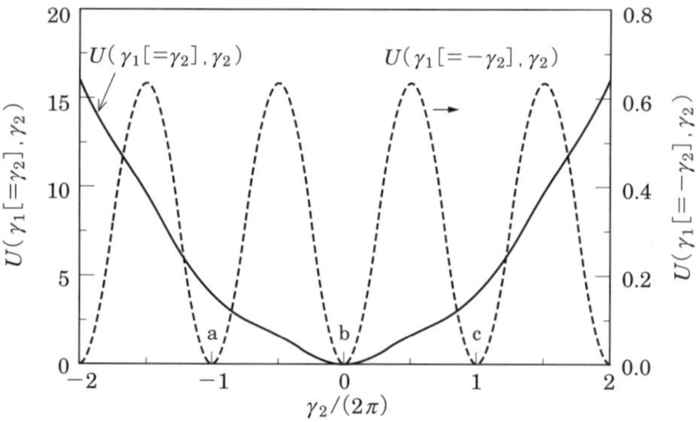

（b）断面図

図8.5 バイアス点$P_0\{(\Phi_{ex}, i_b)=(0, 0)\}$での ポテンシャルエネルギーの等高線

はエネルギー面Uが下がる．

逆に，$i_b=0$のままi_{ex}のみ0から正の値にすると，ポテンシャルエネルギー面Uは，$-(b/\pi)(\gamma_1+\gamma_2)i_{ex}$の値の分だけ変化する．この場合は，電流値$i_b$と$i_{ex}$の値がともに0の場合の$U$に比べて，「$\gamma_1+\gamma_2<0$の領域（図8.5（a）の第3象限側)」では（$\gamma_1+\gamma_2$）の値に比例した分だけポテンシャルエネルギー面$U$が上がり，「$\gamma_1+\gamma_2>0$の領域（図8.5（a）の第1象限側)」のエネルギー面Uは下がるわけである．実際の「干渉計形記憶セル」ではi_bはi_yと，i_{ex}は$i_{x\mathrm{bias}}+i_x+i_d$とそれぞれ対応する．

バイアス電流$i_b=0$，$Li_{ex}=\Phi_0/2$のP_1点（Φ_{ex}, i_b）$=(\Phi_0/2, 0)$でのポテンシャルエネルギーUの等高線を**図8.6**に示す．SQUIDの状態が極小点の点a，点b，点cにあるときは，超伝導ループに鎖交する磁束の大きさは磁束量子の単位で0に近い．

一方でSQUIDの状態が極小点（点d，点e，点f，点g）にあるときは，超伝導ループに鎖交する磁束の大きさはほぼΦ_0である．極小点（点a，点b，点c）が存在するのが，図8.4で「0」モードと示された領域である．また，極小点（点d，点e，点f，点g）が存在するのが「1」モードと示された領域である．これらの重なる領域にP_1があるので，バイアス点P_1では，「0」モードに対応する極小点（点a，点b，点c）と「1」モードに対応する極小点（点d，

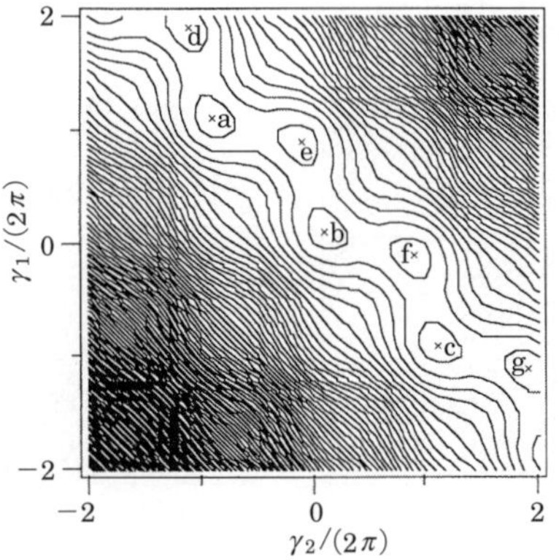

図8.6　バイアス点$P_1$$\{(\Phi_{ex}, i_b)=(\Phi_0/2, 0)\}$でのポテンシャルエネルギーの等高線

点e，点f，点g）が同時に存在する．

ここで，$b = Li_c/\Phi_0 = 0.5$と設定したことにより，第6章で示した$b = Li_c/\Phi_0 = 0.25$の場合と比べてi_b-Φ_{ex}特性上で両モードの重なる領域が広くなっている．バイアス点P_1は書込み及び読出し動作の出発点である．この両モードの重なる領域の真ん中P_1にSQUIDの状態を持ってくる役割を，バイアス電流i_{xbias}は持つ．

（a）「1」の書込み動作　まず「1」の書込みを説明する．この$(\Phi_{ex}, i_b) = (\Phi_0/2, 0)$のバイアス点$P_1$から出発して，$i_{xbias}$に加えて$i_x$と$i_d$を正の向きに流すことにより$\Phi_{ex}$（$= Li_{ex}$）を増やし，$(\Phi_{ex}, i_b) = (\Phi_0, 0)$のバイアス点$P_2$にした後，更に$i_b$を正にして$(\Phi_{ex}, i_b) = (\Phi_0, 0.8\,i_c)$のバイアス点$P_3$に達すると，特性図で完全に「0」モードの外に出る．バイアス点P_3に対応するポテンシャルエネルギー曲面U上の「0」モードに属する極小点の点a，点b，点cなどは完全に消滅する．$(\Phi_{ex}, i_b) = (\Phi_0, 0)$としたときのポテンシャルエネルギー$U$の等高線を**図8.7**に，$(\Phi_{ex}, i_b) = (\Phi_0, 0.8\,i_c)$のときの等高線を**図8.8**に示す．最初SQUIDの状態が「0」モードに対応する極小点（点a，点b，点c）にあったときは，バイアスを$P_1 \to P_2 \to P_3$と変えることにより，この「0」モードから「1」モードに対応する極小点（点d，点e，点f，点g）に移動し，「1」の書込みが行われる．最初の$(\Phi_{ex}, i_b) = (\Phi_0/2, 0)$で

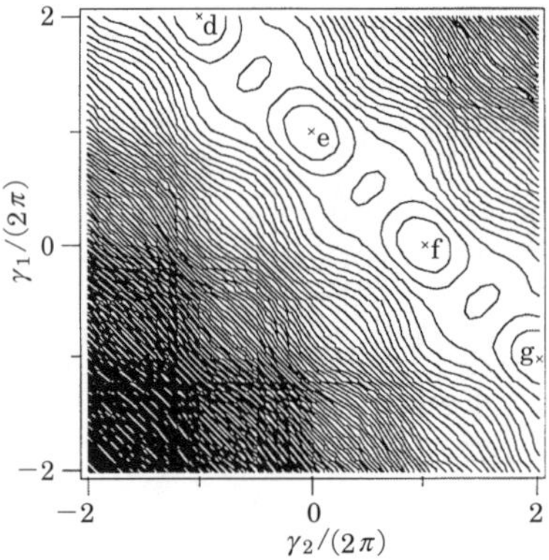

図8.7　バイアス点$P_2\{(\Phi_{ex}, i_b) = (\Phi_0, 0)\}$でのポテンシャルエネルギーの等高線

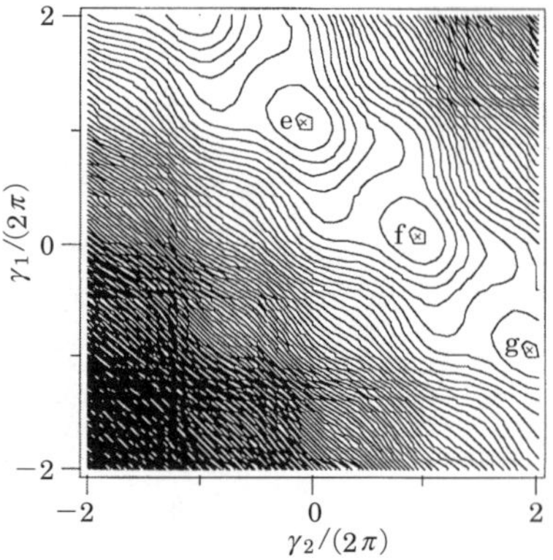

図8.8　バイアス点$P_3\{(\Phi_{ex}, i_b) = (\Phi_0, 0.8i_c)\}$でのポテンシャルエネルギーの等高線

既に「1」モードに対応する極小点（点d，点e，点f，点g）にSQUIDの状態があったときは，その「1」モードのままである．

（b）「0」の書込み動作　「0」の書込みは次のように行う．同じく $(\Phi_{ex},\ i_b)=(\Phi_0/2,\ 0)$ のバイアス点 P_1 から出発する．i_{xbias} に加えて i_x と i_d を負の向きに流すことにより Φ_{ex} $(=Li_{ex})$ を減らして，$(\Phi_{ex},\ i_b)=(0,\ 0)$ のバイアス点 P_0 にし，更に i_b を正にし $(\Phi_{ex},\ i_b)=(0,\ 0.8\,i_c)$ のバイアス点 P_4 にすると，特性図で完全に「1」モードの外に出る．$(\Phi_{ex},\ i_b)=(0,\ 0.8\,i_c)$ のバ

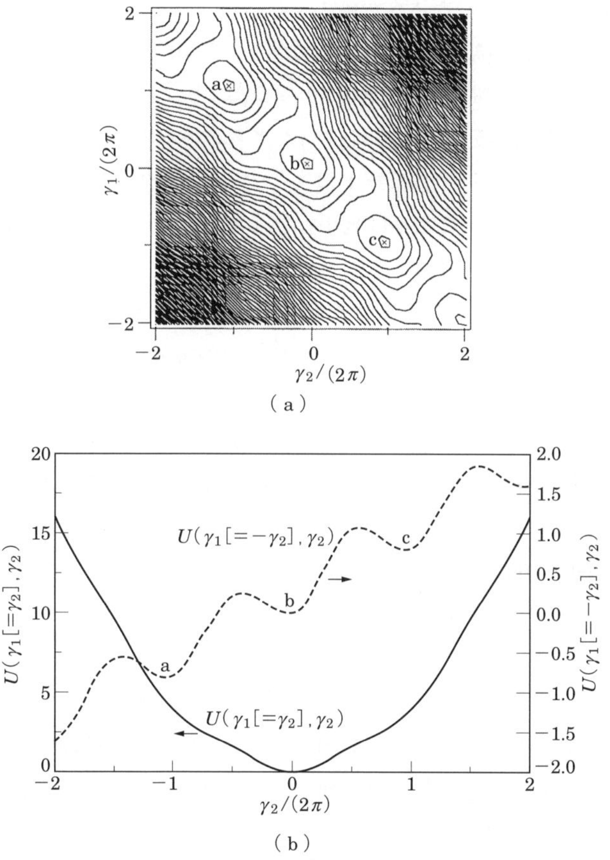

図8.9　バイアス点 $P_4\{(\Phi_{ex},\ i_b)=(0,\ 0.8\,i_c)\}$ でのポテンシャルエネルギーの等高線

イアス点P_4ではポテンシャルエネルギー曲面U上の「1」モードに属する極小点の点d，点e，点f，点gなどは完全に消滅する．$(\Phi_{ex},\ i_b)=(0,\ 0)$ としたときのポテンシャルエネルギーUの等高線は既に示した図8.5であり，$(\Phi_{ex},\ i_b)=(0,\ 0.8\,i_c)$ のときの等高線を**図8.9**に示す．バイアスを$P_1 \to P_0 \to P_4$と変えることにより，SQUIDの状態が最初「0」モードに対応する極小点（点a，点b，点c）にあったときは，この「0」モードのままであり，SQUIDの状態が最初「1」モードに対応する極小点（点d，点e，点f，点g）にあったときは，この「1」モードから「0」モードに対応する極小点（点a，点b，点c）に移動するので，「0」の書込みが確実に行われる．

（c）「0」若しくは「1」の読出し動作　読出しには，少し工夫がいる．SQUIDの状態が最初「0」モードにあったか，「1」モードにあったかでSQUIDが異なる動作をするように，バイアス電流などを変化させる必要がある．具体的には，最初「0」モードにあったときはSQUIDが電圧転移をし，最初「1」モードにあったときは電圧転移をしないようにして，SQUIDに蓄えられていた情報を読み出す．

この読出し動作では，最初にバイアス電流i_bを増やし，そののち，制御電流i_{ex}を増やす．このとき，「0」モードの領域の境界である「しきい値曲線」の実線部分を横切るようにする．

具体的には，やはり $(\Phi_{ex},\ i_b)=(\Phi_0/2,\ 0)$ のバイアス点P_1から出発する．図8.4に示したように，まずバイアス電流i_bを増やし，バイアス点P_5の $(\Phi_{ex},\ i_b)=(\Phi_0/2,\ 0.8\,i_c)$ にする．このバイアス点P_5でのポテンシャルエネルギーの等高線を**図8.10**に示す．図(b)は図(a)の拡大図である．次に，i_{ex}を増やし，「0」モードの「しきい値曲線」の実線部分を横切り，$(\Phi_{ex},\ i_b)=(\Phi_0,\ 0.8\,i_c)$ のバイアス点P_3にする．

このように$P_1 \to P_5 \to P_3$とバイアスを変えても，常に，「1」モードの中にバイアス点はある．読出し動作前にSQUIDが「1」モードにあったとすると，SQUIDの状態に対応する質点Qは極小点の点d，点e，点f，点gなどにあったことになる．$P_1 \to P_5 \to P_3$とバイアスを変えた後も，その「1」モード状態に対応する同じ極小点にSQUIDの状態はあり続ける．よって，SQUIDは電圧状態には転移しない．

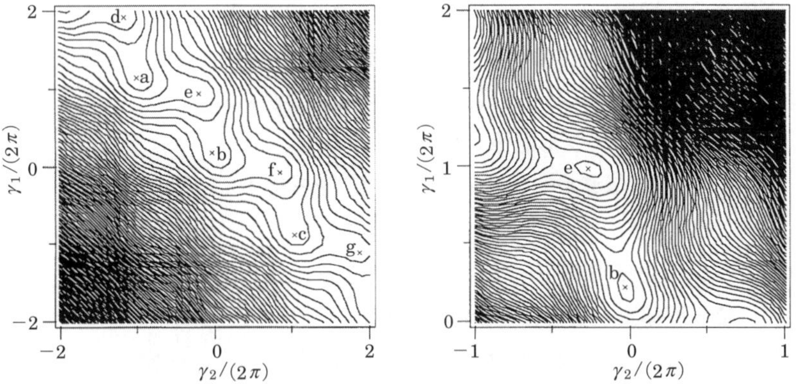

（a）　（b）

図8.10　バイアス点$P_5\{(\Phi_{ex},\ i_b)=(\Phi_0/2,\ 0.8\,i_c)\}$でのポテンシャルエネルギーの等高線

一方，「0」の読出しは次のように行われる．SQUIDに「0」が書き込まれている場合，SQUIDの状態を表す点QはU面上の極小点の点a，点b，点cなどにあることになる．読出しで$P_1 \to P_5 \to P_3$とバイアスを変える途中に「0」モードの「しきい値曲線」の実線部分を横切り，「0」モードの外に出る．読出し動作の途中で「0」モード状態に対応する極小点の点a，点b，点cなどは面Uから消滅することになる．読出し動作の後半で$P_5 \to P_3$とバイアスを変えるときは，常に$i_b = 0.8\,i_c$で曲面Uの傾きが急で，第2象限側が第4象限側より低くなっているので，「0」モードの極小点が消滅したとき，質点Qは曲面U上で第2象限側左上へと転げ落ち続け，SQUIDは電圧状態となる．このように，あらかじめ「0」が書き込まれていた場合，SQUIDは電圧状態に転移し，「1」が書き込まれていた場合，SQUIDは電圧状態に転移しないことが分かる．これにより，SQUIDに書き込まれていた情報を読み出すことができる．

読出し動作において，「しきい値曲線」の点線部分を横切るときはバイアス電流値が小さく，したがって曲面Uの傾きが緩やかであり，「0」モード状態に対応する極小点が消滅したのち，質点Qは，近くの「1」モード状態に対応する極小点（点d，点e，点f，点gなど）のくぼみに落ち込み，SQUIDは電圧状態に転移しなくなることがある．読出し動作の$P_5 \to P_3$は「しきい値曲線」

の実線部分を横切らなければならず，「0」モード状態の読出しが確実に行われるよう，「読出し動作でのバイアス電流値」，摩擦を決める「接合に並列のコンダクタンスの値」などを最適に設定する必要がある．

8.2.2　超伝導ループ形記憶セル

ここでは，「超伝導ループ形記憶セル」[19] を考察する．「超伝導ループ形記憶セル」の実際の記憶素子の構造は，**図8.11**に示すように「超伝導体ループ」が基本となる．この「超伝導体ループ」に超伝導電流が周回電流としてある状態が「1」状態，「超伝導体ループ」に周回電流がない状態が「0」状態となる．「1」を記憶する状態では通常，磁束量子を超伝導体ループに2個以上保持している．また，この「超伝導ループ形記憶セル」では容易に非破壊読出しをすることができるという特徴がある．

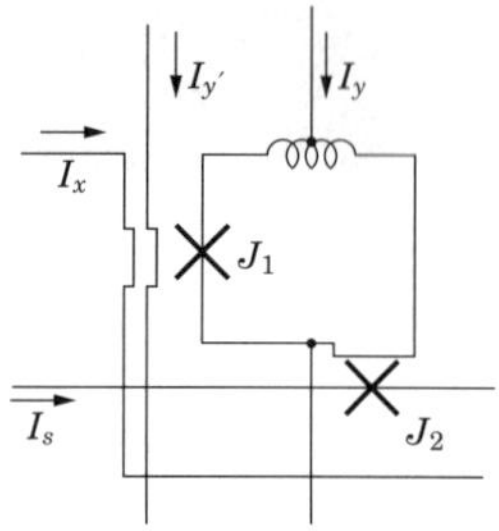

図8.11　超伝導ループ形記憶セル

「超伝導体ループ」に鎖交する磁束の数が変わるため，ループの途中1か所にジョセフソン接合J_1を入れる．超伝導体ループに近接して，読出し用のラインがあり，途中に読出し用の接合J_2がある．

ループの途中の接合J_1には制御線が2本あり，1本は多数個ある記憶セルから書き込むべき記憶セルの行を決める「Xアドレス信号I_x」であり，もう一つは列を決める「Yアドレス信号$I_{y'}$」である．この2本の制御線は接合J_1の臨界電流値を小さくする役割をする．このセルは，次のように「接合の臨界電流値が変わるrf-SQUID」を基本に考えると直感的に分かりやすい．

まず，書込み動作を考える．書き込むべき内容が「1」のときは，I_yが下向きに流れ，「0」のときはI_yは流れない．

この記憶セルのポテンシャルエネルギーは，実際に鎖交する磁束Φに対してグラフを書くと，記憶セルのインダクタのポテンシャルエネルギーに接合のポテンシャルエネルギーによる凸凹が加わり，凸凹のある「放物線状」の形である（**図8.12**）．接合J_1に近接して流れる電流I_xと$I_{y'}$は，この接合J_1の臨界電流値を変える作用をする．まず，「0」書込みでは，I_yは0のままである．

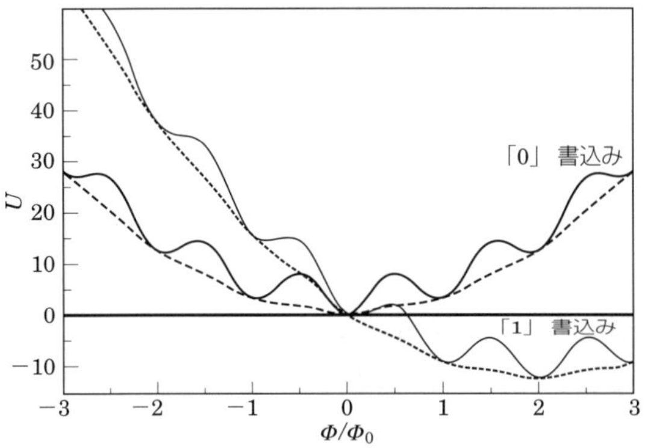

図8.12　超伝導ループ形記憶セルのポテンシャルエネルギーの形

電流I_xと$I_{y'}$が流れることにより接合J_1の臨界電流値が小さくなり，放物線状のポテンシャルエネルギーに加わる接合のポテンシャルエネルギーによる凸凹の度合いが小さくなる（図の「0」書込みの破線で示した「放物線状」のUの形）．洗濯板モデルで考えると，これまで蓄えられている情報にかかわらず，放物線の最小点である原点に質点Qが来て，「0」が書き込まれる．電流I_xと$I_{y'}$が再び0となると，接合のポテンシャルエネルギーによる凸凹が再び大きくなり（図の「0」書込みで太い実線で示した大きな凸凹のあるUの形），「0」が保持される．SQUIDの超伝導体ループの鎖交磁束が0であるのに対応して，超伝導ループの周回電流もなくなる．

次に，「1」の書込みの場合は，まずバイアス電流I_yを流す．この電流I_yにより，等価的に右下がりの直線のポテンシャルエネルギーが加わり，全ポテンシャルエネルギーに対応する放物線状の曲面Uは全体的に右下にずれる（図の「1」書込みで細い実線で示した，大きな凸凹のあるほうのUの形）．図では仮に曲面Uは直線$\Phi = 2\Phi_0$について対称な形になっている．ここで，電流I_xと$I_{y'}$を正の値にすると曲面Uの凸凹が小さくなるので（図の「1」書込みで点線で示した「放物線状」のUの形），書込みの前までの質点の位置にかかわらず（臨界制動的抵抗値を選ぶことにより短時間で），質点Qはポテンシャルエネルギーの最小の点に来る．図では「1」に対応して$2\Phi_0$が超伝導体ループに鎖交するようになる．一般には，「1」情報に対応する複数個の磁束量子

(2個から10個程度）が超伝導体ループに鎖交する状態となる．再び，電流I_xと$I_{y'}$が0に戻ると，曲面Uの凸凹が大きくなり，この鎖交磁束はそのまま超伝導体ループに捕獲される．この後I_yを再び0に戻すと，ポテンシャルエネルギー曲線Uは，全体的に右下にずれていた放物線状の形から，再び原点で最小の形（図で太い実線で示した大きな凹凸のある形）に戻る．しかし，質点Qが捕えられているこの凹の極小点はほんの少し左にずれるのみである．質点Qはこの凹にひっかかったままであり，鎖交磁束は約$2\Phi_0$のままである．こうして「1」が書き込まれる．SQUIDの超伝導体ループには，この鎖交磁束に対応した周回電流が生じる．

ここでは，制動条件に注意がいる．制動条件があまりに過制動では，書込み動作において，前の状態から新しい状態への遷移が終わらないうちに，言い換えると，鎖交磁束の変化が十分でないうちに，ポテンシャルエネルギーによる凸凹が回復することになる．一方であまり弱制動であると，今度は逆に，必要以上に，鎖交磁束の変化が起こったり，更には最終的な鎖交磁束の本数が確率的に揺らいだりするので，臨界制動に近い抵抗値の設定が望まれる．

読出しでは，超伝導体ループに流れる周回電流の有無を検出すればよい．超伝導体ループに近接して接合J_2を設け，読出し時には電流I_sによりこのJ_2を電流バイアスすることにより，書き込まれた情報を読み出すことができる．J_2は「磁界無印加での臨界電流値よりも少し小さい値I'」まで電流バイアスする．超伝導体ループが「0」状態で周回電流が流れていなければ，接合J_2は零電圧状態のままである．超伝導ループに「1」が書き込まれていて，周回電流が流れていれば，接合J_2の臨界電流値がI'よりも小さくなるよう設計することにより，電流I_sを値I'まで流したときに接合J_2が電圧状態になるので，情報の読出しができる．

第 9 章

GL 方程式

本章では，ギンツブルグとランダウにより初めて提唱された超伝導体を記述する方程式（ギンツブルグ・ランダウ（Ginzburg-Landau）方程式．以下，GL方程式と略す）について説明する．GL方程式を導くために，まず磁界がない場合の超伝導体の自由エネルギーについて考察し，次に磁界がある場合について考察する．

9.1　磁界がない場合の超伝導体の自由エネルギー

9.1.1　磁界がない場合の超伝導体の自由エネルギー

第1章でも述べたように，超伝導体の振舞いを記述するには，超伝導体の各点各点でその超伝導状態を表す「ある複素数」を考えるとよい．言い換えるなら，超伝導体の各点において複素数の値を取る「スカラ場」を考えることになる．この「スカラ場」はオーダパラメータと呼ばれるのであった．このスカラ場は，常伝導体中では0の値を取ると考えると都合が良い．超伝導体中では，一般には0でない複素数の値を取る．

超伝導体の「(ヘルムホルツの）自由エネルギー$\boldsymbol{F_s}$」を考えて，この$\boldsymbol{F_s}$を極小とする状態が実際には現れると考える．本章では，超伝導体のオーダパラメータ$\boldsymbol{\Psi}$を使って，この超伝導体の「自由エネルギー$\boldsymbol{F_s}$」を表すことから始めよう．ここでは，超伝導体試料の温度が臨界温度に近く，超伝導体のオーダパラメータ$\boldsymbol{\Psi}$が小さな状況を扱う．

まずこの9.1節では，「磁界がなく，オーダパラメータは場所によらず，一定値である場合」を扱う．ここでは超伝導体の固まりを考えていて，超伝導体には「くびれた部分」などがないとする．この節では，見通しの良いよう単位体積当たりの自由エネルギーを考える．単位体積当たりのF_sは

$$F_s = F_{N_0} - a\,|\Psi|^2 + \frac{b}{2}|\Psi|^4 \tag{9.1}$$

とΨにより展開できるとする．右辺のF_{N_0}は（単位体積当たりの）常伝導状態の自由エネルギーである．a，bはΨによらない定数であるが，後で述べるように，aのほうは温度には依存すると考えると，たいへん都合が良い．上の式の，F_sのΨによる展開において，Ψの奇数次の項はなく，Ψの大きさの二次及び四次の項のみを考えている．F_sはオーダパラメータΨの位相そのものには依存しない形をしている．

Ψの大きさ$|\Psi|$が0でない「ある正の値Ψ_0」を取るときに，このF_sの式が極小値を取るのであれば，この$|\Psi| = \Psi_0$の状態がエネルギー的に安定であるといえる．このF_sの式で$|\Psi|^2 = t$（$\geqq 0$）と置いて

$$F_S(t)\ (= F_S - F_{N_0}) = -at + \frac{b}{2}t^2 \tag{9.2}$$

とする．この$F_s(t)$の式で$b = 0$であると$F_s(t)$の式は変数tについて一次の式であり，$t > 0$で極小値を持たないので「ある正の値Ψ_0で$F_s(t)$が極小」とはならない．$b < 0$では，極大値は持つが，極小値は存在しない．**図9.1**から分かるように，$F_s(t)$がこの変数tが正の範囲で極小値を持つためには，$b > 0$である必要がある．$b > 0$として，今度はaについて考えよう．$a > 0$なら，$t = 0$と$t = a/b$でそれぞれ極大値0と極小値$-a^2/b$を取る．$a < 0$なら$t = 0$で極小値0を取る．特に$a = \gamma(T_c - T)$（ただし，γは正の定数で，T_cは超伝導転移温度）と置くならば，次のようにつじつまが合う．

（i） $T < T_c$のときは$a > 0$となり，$t = a/b$で$F_s(t)$は極小値$-a^2/b$を取る．すなわち，オーダパラメータΨの大きさが有限の値$(a/b)^{1/2}$を取るとき，$F_s(t)$が極小となる．

（ii） $T > T_c$のときは$a < 0$だから，$t = 0$で$F_s(t)$は極小値0を取る．すなわち，$\Psi = 0$となる状態，言い換えれば常伝導体の状態がエネ

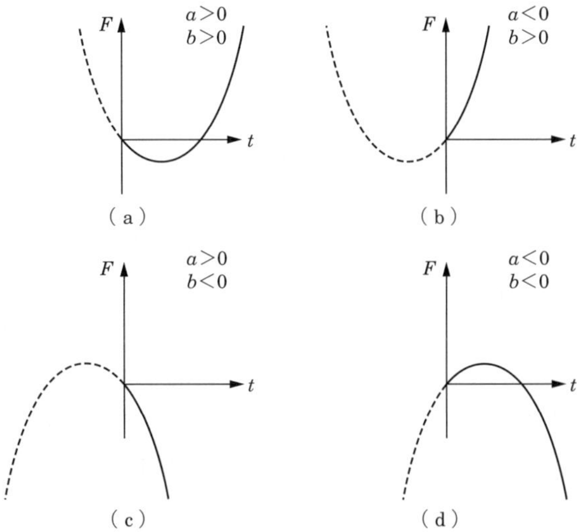

図9.1　自由エネルギー$F_s(t)$ $(=-at+bt^2/2)$（ただし，tは$t\geqq 0$の範囲）

ルギー的に最も安定になる．このとき，自由エネルギーはF_{N_0}である．

この (i) の$T<T_c$の場合は，$a>0$，$b>0$で電子状態が凝縮した状態に落ち込んで，オーダパラメータが0でない値を取るほうがエネルギー的に安定ということになる．複素平面上で考えると，この条件を満たすオーダパラメータΨに対応する点は原点から$(a/b)^{1/2}$の距離にある．既に第1章で詳しく述べたように，このような点は複素平面上で原点からの距離$(a/b)^{1/2}$の点の集合，すなわち円を描く．オーダパラメータΨに対応する複素数値はこの円上のどこかにあるはずである．オーダパラメータΨを表すためには，複素平面上で原点から点Ψへの線が実軸となす角をθとし，この「オーダパラメータの位相θ」も考えに入れるとたいへんうまくいく．オーダパラメータΨの位相をθとすれば，$\Psi=(a/b)^{1/2}e^{i\theta}$と表すことができる．

9.1.2　自発的対称性の破れ

次に，この自由エネルギーの持つ対称性について考えてみよう．オーダパラメータΨに対する自由エネルギーを$F_s(\Psi)$とする．このエネルギー$F_s(\Psi)$のオーダパラメータ依存性を考えるため，複素数であるオーダパラメータΨを複素平面（η-ζ平面）に，このΨに対する自由エネルギーF_sをこの平面と

直交する軸（仮にz軸と置く）に取り，η-ζ-zの三次元空間で考える．$T<T_c$のときは上に述べたように，$a>0$，$b>0$であり，このとき，**図9.2**に示すように，エネルギーのオーダパラメータ依存性は牛乳びんの底の形で示され，F軸について回転対称な形である．自由エネルギー$F_s(\Psi)$にはこのような対称性があるが，しかし，超伝導体のある場所でのオーダパラメータの値Ψは，その大きさが$|\Psi|=(a/b)^{1/2}$を満たすΨのどれかの値を取らなければならない．このような条件を満たすΨは無数にあり，その軌跡はη-ζ平面上で原点を中心とする半径$\Psi_0=(a/b)^{1/2}$の円Sを描く．オーダパラメータは牛乳びんの底の一番低いところの円S上であればどこにあってもよいのだが，円S上のどこかになくてはならない．言い換えれば，基底状態が縮退していて，ある$\Psi_1=(a/b)^{1/2}$という基底状態からF軸について回転して得られる，例えば，$\Psi_2=(a/b)^{1/2}i$は，別の基底状態である．仮にT_1をF軸についての$\pi/2$（ラジアン）回転という操作であるとして，$T_1\Psi_1=\Psi_2$である．一方，超伝導体の自

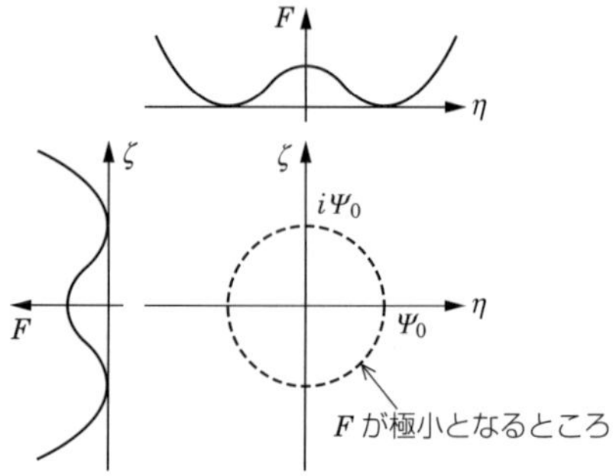

（a）上から見た図と回転対称軸を通る面での断面

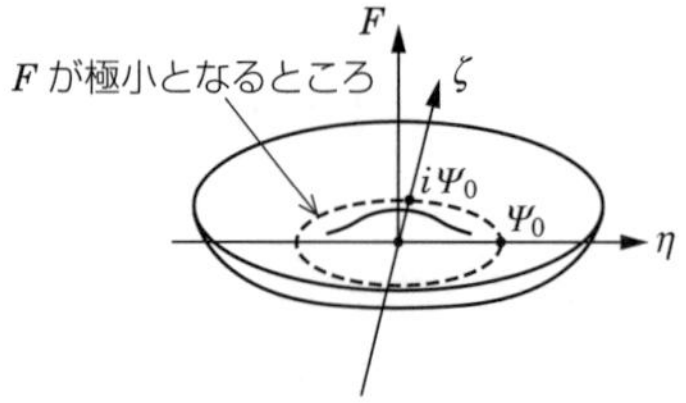

（b）斜め上から見た図

図9.2　$a>0$，$b>0$の場合の自由エネルギー$F_s(\Psi)$の形

由エネルギーのオーダパラメータ依存性はη-ζ-z空間で牛乳びんの底の形であり，F軸のまわりに回転させてもその形は変わらない．このように自由エネルギーFが対称操作T（この場合は位相を移す操作）に対して不変であるにもかかわらず，同じ操作Tに対して基底状態そのものは不変ではなくて，ある基底状態Ψ_1が対称操作TによりΨ_1と異なる別の基底状態Ψ_2に変換する場合，「自発的に対称性が破れている」と表現することがある．この超伝導体の自由エネルギーと基底状態は，自発的に対称性が破れている物理現象の一つの例である．

より複雑なSQUIDや超伝導回路では，基準点というものを定めた．これまでは，基準点のオーダパラメータΨの値は1と置き，その位相の値は0と置いてきた．一般的には，これまで述べたように，SQUIDや超伝導回路のエネルギーは，基準点の位相の値そのものにはよらない．よって，基準点のオーダパラメータΨの値，特に位相の値を任意に選べることになる．外部から決まった磁界が加えられ，超伝導体ループに鎖交する磁束も定まった状況のもとでは，基準点の位相が決まれば，基準点から超伝導体で結ばれているところ，また超伝導の接合を介して結ばれている場所の位相は，すべて決定する．

9.2　磁界がある場合の超伝導体の自由エネルギー

9.2.1　磁界がある場合の超伝導体の自由エネルギー

次に，印加磁界がある場合の超伝導体の自由エネルギーについて考えてみよう．このようなとき，自由エネルギーとして磁束密度$\boldsymbol{B}$に伴う磁界のエネルギーについても考慮すべきで，自由エネルギーに磁界のエネルギーの項$\boldsymbol{B}^2/(2\mu_0)$も加える必要がある．$\boldsymbol{B}\cdot\boldsymbol{B}$を$\boldsymbol{B}^2$と略記する．更に，磁界がある場合は，エネルギー的に見てより安定な状態となるよう，場所によりオーダパラメータΨの値が変わることも多い．言い換えると，オーダパラメータは一つの超伝導体全体に対して，ただ一つの値が決まるというのではなく，オーダパラメータの値の位相が場所により変化するという状況が起こる．場合によってはオーダパラメータの大きさも場所により変わる．超伝導体領域の各点各点にオーダパラメータΨの値が定まるというわけであり

「オーダパラメータΨは場所を変数とするスカラ場である」

とみなすと好都合である．

とはいうものの，自然はできる限り急な変化を避けるであろうから，オーダパラメータΨの値は，できるだけゆるやかに変わるであろう．言い換えれば，このような状況ではオーダパラメータΨの値が場所により「急激に変わる場合」は「ゆるやかに変わる場合」に比べてエネルギー的に高い状態であると推察される．Ψの傾き$\nabla\Psi$（ここではΨの傾きgradΨを記号∇を使い$\nabla\Psi$と表す）の2乗$|\nabla\Psi|^2$に比例する項$|-\hbar\nabla\Psi|^2/(2m)$を自由エネルギー$F_s$に加えたい．ただし，この項の中の$-i\hbar\nabla\Psi$はいわゆる「ゲージ不変な形」ではないので，$\boldsymbol{A}$をベクトルポテンシャル，$e$を単位電荷（ここでは$e>0$として，電子1個の電荷は$-e$である）として，ゲージ不変な形$-i\hbar\nabla\Psi+2e\boldsymbol{A}\Psi$にする．この「ゲージ不変な形」については第3章でも説明した．この項の定数$1/(2m)$はmv運動量が$-i\hbar\nabla\Psi+2e\boldsymbol{A}\Psi$であり，運動エネルギーが$(mv)^2/(2m)$の形を取ることから決めた．エネルギーの式中では，更にこのmを一対のクーパーペア（電子2個分）の有効質量m^*に置き換える．この∇を含む項が自由エネルギーの表式にあることにより，オーダパラメータΨはなるべくなだらかに変化するようになることが期待される．すなわち，オーダパラメータΨは急激な変化を避けるように変わることになる．前節では単位体積当たりを考えたが，この節以降では，試料全体のエネルギーを考えることにする．

以上の考察から，超伝導体のヘルムホルツの自由エネルギーF_sは次の形になる．

$$F_s = F_{N0} + \int_v dV \left(-a|\Psi|^2 + \frac{b}{2}|\Psi|^4 + \frac{1}{2m^*}\left|-i\hbar\nabla\Psi + 2e\boldsymbol{A}\Psi\right|^2 + \frac{1}{2\mu_0}\boldsymbol{B}^2 \right) \tag{9.3}$$

この式の積分は，ここで考えている試料の占める領域Vについての体積積分であり，$dV=dxdydz$である．F_{N0}は試料全体が常伝導状態で，かつ試料全体において電磁界のベクトルポテンシャル$\boldsymbol{A}=0$（このとき磁束密度$\boldsymbol{B}$も$\boldsymbol{B}=\boldsymbol{0}$）のときの自由エネルギーである．超伝導体の形としては，第1章での論議と同じく，反磁界の効果が無視できる細長い円筒状（針状）の形として，磁界は円筒の軸と平行に加える．もちろんここで述べているギンツブルグ・ランダウ理論はより一般的な場合に適用可能であるのだが，超伝導体の形が単純な長細い円筒状の形以外のときは反磁界の効果についての注意が必要である．ここではいたずらに議論が複雑になるのを避けるため，以下「試料の形は針状の円筒形で磁界は円筒の軸方向に加えられている」として，超伝導体に流れる超伝導電流（反磁性電流）が試料の外部の磁界を乱す効果が無視できる，最も扱いやすい場合について考えていくことにしよう．

本章で考えている試料の形は穴のあいていない「細長い針状」である．多くの場合において，磁界を試料に加える場合，磁束密度$\boldsymbol{B}$を条件として与えるよりも，印加する磁界の強さ$\boldsymbol{H}_a$を測定条件として指定するほうが多いであろう．言い換えれば，境界条件として，試料表面の磁界の強さ$\boldsymbol{H}_a$を決め，その条件下で最もエネルギー的に安定なものを求めることが多い．試料表面の磁界の強さ$\boldsymbol{H}_a$を境界条件とする場合，第2章で既に述べたように，超伝導体自体のヘルムホルツの自由エネルギーに，この印加磁界をつくり出している電流源のポテンシャルエネルギーを加える必要がある．試料表面の磁界（磁界の強さ$\boldsymbol{H}_a$）をつくり出すソレノイドコイルに電流を供給する定電流源のポテンシャルエネルギーUは

$$U = -i_a \Phi = -i_a N \Phi_1 \tag{9.4}$$

となる．ここで，Φ_1はこのソレノイドコイルの1ターンと鎖交する磁束であり

$$\Phi_1 = \int_s \boldsymbol{B} \cdot d\boldsymbol{S} \tag{9.5}$$

となる．面積分する領域$\boldsymbol{S}$はこのソレノイドコイル1ターンが囲む二次元の領域である．このΦ_1が各ターンによらず同じであるとする．ソレノイドコイルのターン数がNターンであるとして，このΦ_1をすべてのターンについて和を取ると，ソレノイドコイルに鎖交する全磁束Φ（$= N\Phi_1$）となる．

この場合，ソレノイドコイルは一様に巻かれているとして，ソレノイドコイルに流れる電流i_aとそのつくり出す磁界の強さ$\boldsymbol{H}_a$の大きさH_aの間には，アンペアの周回積分の法則から，$(N/L)i_a = H_a$の関係式が成り立つ．ここで，Lはソレノイドコイルの軸方向の長さであり，試料の軸方向の長さでもある．試料，ソレノイドコイルともに十分細長く，「ソレノイドコイルの端では厳密

には印加磁界が，中心の部分と異なるという端の効果」は無視している．

よって電流源のポテンシャルエネルギー$\boldsymbol{U}$は

$$U=-i_a N\int_s \boldsymbol{B}\cdot d\boldsymbol{S}$$
$$=-LH_a\int_s \boldsymbol{B}\cdot d\boldsymbol{S} \tag{9.6}$$

である．

一般に，「中に穴のあいた試料などの場合において，超伝導体内部の各点各点での磁界の強さ$\boldsymbol{H}$を定義できなくなる」ので注意が必要である．式（9.6）のH_aは超伝導体の内部のそれぞれの点rでの磁界の強さではなくて，これまでの説明から分かるように，ソレノイドコイルに流れる電流をi_aとして，$H_a=(N/L)\,i_a$で決まる量である．この点に十分注意して，更に

$$U=-\int_v \boldsymbol{H}_a\cdot \boldsymbol{B}dV \tag{9.7}$$

と書き表すことにする．式（9.7）の$\boldsymbol{H}_a$の向きは，試料とソレノイドコイル間のすき間での磁界の向きである．以上により，超伝導体のヘルムホルツの自由エネルギーは，次式のように表されることが分かった．

$$F_s=F_{N0}+\int_v\left(-a|\Psi|^2+\frac{b}{2}|\Psi|^4+\frac{1}{2m^*}|-i\hbar\nabla\Psi+2e\boldsymbol{A}\Psi|^2+\frac{1}{2\mu_0}\boldsymbol{B}^2-\boldsymbol{H}_a\cdot\boldsymbol{B}\right)dV \tag{9.8}$$

それぞれの項の意味をまとめると

(磁界印加時の超伝導体のヘルムホルツの自由エネルギー)＝

($\boldsymbol{B}=\boldsymbol{0}$のときの常伝導状態のエネルギー)＋($\boldsymbol{B}=\boldsymbol{0}$で$\Psi$一定のとき，凝縮状態に陥ることによる損得項（積分内第1項，第2項））

＋(電子対の運動エネルギー（積分内第3項））

＋($\boldsymbol{B}$に伴う磁気エネルギー（積分内第4項））

＋(印加磁界をつくり出す定電流源のポテンシャルエネルギー（積分内第5項））

である．

与えられた境界条件（ここでは，超伝導体表面での磁界の強さが与えられているとしている）のもとで，超伝導体の各点でのベクトルポテンシャル$\boldsymbol{A}$とオーダパラメータ$\boldsymbol{\Psi}$は上のヘルムホルツの自由エネルギーを極小とするものである（必ずしも最小値であるとは限らない．超伝導体伝導がループ状のときはこの極小値はいくつか存在する．第5章で述べたように，与えられた境界条件のもとで，いくつかの異なる極小値に対応する複数の状態がある場合がある）．$\boldsymbol{F}$が極小であるという条件より，エネルギーの式で$\boldsymbol{A}$とオーダパラメータ$\boldsymbol{\Psi}$を微小変化させても，$\boldsymbol{F}$の変化分（$\boldsymbol{F}$の変分）は（二次以上の微少量を無視すると）0である．この条件から，超伝導体内の各点及び表面で「ある関係式」が成り立つことが導かれる．そのうち，最も重要なものは

$$-a\Psi+b|\Psi|^2\Psi+\frac{\hbar^2}{2m^*}\left(\nabla+\frac{2ie\boldsymbol{A}}{\hbar}\right)^2\Psi=0 \tag{9.9}$$

$$\frac{1}{\mu_0}\nabla\times(\nabla\times\boldsymbol{A})=\frac{ie\hbar}{m^*}\left\{\Psi^*\left(\nabla+\frac{2ie}{\hbar}\boldsymbol{A}\right)\Psi-\left(\left(\nabla-\frac{2ie}{\hbar}\boldsymbol{A}\right)\Psi^*\right)\Psi\right\} \tag{9.10}$$

という二つの方程式である．これらの方程式は，GL方程式と呼ばれる．これらの式を導く過程を次節より説明する．

2番目の式の左辺はベクトルポテンシャル$\boldsymbol{A}$の回転が磁束密度$\boldsymbol{B}$に等しいことと，更に，磁束密度$\boldsymbol{B}$の回転が電流密度$\boldsymbol{j}$のμ_0倍に等しいことを使えば次式に変形できる．

$$\boldsymbol{j}=\frac{ie\hbar}{m^*}\left\{\Psi^*\left(\nabla+\frac{2ie}{\hbar}\boldsymbol{A}\right)\Psi-\left(\left(\nabla-\frac{2ie}{\hbar}\boldsymbol{A}\right)\Psi^*\right)\Psi\right\} \tag{9.11}$$

特に場所によりオーダパラメータの大きさが変化しない場合は，$\Psi=Re^{i\theta}$と置くとRは場所によらず一定とみなせて，$\nabla\Psi=iRe^{i\theta}\nabla\theta$であるから

$$-\frac{m^*}{2\hbar eR^2}\boldsymbol{j}=\nabla\theta+\frac{2e}{\hbar}\boldsymbol{A} \tag{9.12}$$

を得る．この式は

$$\alpha=\frac{m^*}{2\hbar eR^2} \tag{9.13}$$

と置いて

$$-\alpha \boldsymbol{j} = \nabla \theta + \frac{2e}{\hbar}\boldsymbol{A} \tag{9.14}$$

と書くこともできる．この位相の傾きと電流密度の関係を示す式は超伝導回路を考えるときにたいへん役立つ式である．

9.2.2 変分法

いたずらに複雑になることを避けるため，ここでは細長いソレノイドコイルの中に「半径に比べて軸方向の長さの長い円筒状の試料」を入れた場合を考えている．

境界条件としては，試料表面の磁界の大きさが与えられているとする．より具体的には，印加磁界$\boldsymbol{H}_a$は円筒状試料の軸に平行に加え，試料表面での磁束密度は

$$\boldsymbol{B} = \mu_0 \boldsymbol{H}_a \tag{9.15}$$

を満たす．言い換えれば，この試料表面での境界条件（9.15）を満たすものの中で最もエネルギー的に安定なものを求めていくのである．第2章では簡単に超伝導体中では$\boldsymbol{B} = \boldsymbol{0}$としたが，本章では，磁束密度$\boldsymbol{B}$は試料表面で$\boldsymbol{B} = \mu_0 \boldsymbol{H}_a$を満たし，試料表面から試料内部へと連続的に変化していくとする．このような場合，考えている対象の系のヘルムホルツの自由エネルギーの中に，印加磁界をつくる電流源のポテンシャルエネルギーを含めて考えればよい．超伝導体のギブズの自由エネルギー$\boldsymbol{F}_s$は式（9.8）を再記して

$$\boldsymbol{F}_s = \boldsymbol{F}_{N0} + \int_v dV \left(-a|\Psi|^2 + \frac{b}{2}|\Psi|^4 + \frac{1}{2m^*}|-i\hbar\nabla\Psi + 2e\boldsymbol{A}\Psi|^2 + \frac{\boldsymbol{B}^2}{2\mu_0} - \boldsymbol{H}_a \cdot \boldsymbol{B} \right) \tag{9.16}$$

と表される．次のステップとして，まず超伝導体のヘルムホルツの自由エネルギーの式の中のベクトル場$\boldsymbol{B}$はベクトルポテンシャル$\boldsymbol{A}$を使い，$\boldsymbol{B} = \nabla \times \boldsymbol{A}$で表す．また，オーダパラメータ$\Psi$と複素共役$\Psi^*$は複素数を値に持つスカラ場であり，その大きさ$R = |\Psi|$と位相$\theta$を使い，$\Psi = Re^{i\theta}$，$\Psi^* = Re^{-i\theta}$と表す．この大きさ$R = |\Psi|$と位相$\theta$もスカラ場であり，超伝導体中の各点$(x, y, z)$においてそれぞれ$R = |\Psi|$と位相$\theta$の値が定まっている．言い換えれば，例えば，「スカラ場Rとは，超伝導体中の各点から実数値への対応

関係である」ということができる．こうして，自由エネルギーの中のオーダパラメータΨと複素共役のΨ^*は，その大きさRと位相θを使い，またベクトル場$\boldsymbol{B}$はベクトルポテンシャル$\boldsymbol{A}$を使い表すことにする．自由エネルギーF_sは超伝導体表面での磁界の境界条件のもと，スカラ場のRとθ及びベクトル場である$\boldsymbol{A}$によって定まることになる．

このF_sの極小条件を考えていく過程では$F(R,\ \theta,\ \boldsymbol{A})$と記すことにし，以下，超伝導状態を示す$F_s$の添え字の$s$は省略する．

$$F(R,\theta,\boldsymbol{A}) = F_{N0} + \int_v dV \left[-aR^2 + \frac{b}{2}R^4 + \frac{\hbar^2}{2m^*}\left\{\nabla\left(Re^{-i\theta}\right) - \frac{2ie\boldsymbol{A}}{\hbar}Re^{-i\theta}\right\} \cdot \left\{\nabla\left(Re^{i\theta}\right) + \frac{2ie\boldsymbol{A}}{\hbar}Re^{i\theta}\right\} + \frac{(\nabla\times\boldsymbol{A})^2}{2\mu_0} - \boldsymbol{H}_a\cdot\nabla\times\boldsymbol{A} \right] \tag{9.17}$$

ここで，オーダパラメータの大きさRと位相θは超伝導体中の各点で決まるスカラ場である．更に，ベクトルポテンシャル$\boldsymbol{A}$も，このRとθとは独立に変えるベクトル場である．このベクトルポテンシャル$\boldsymbol{A}$より，磁束密度$\boldsymbol{B}$は$\boldsymbol{B}=\nabla\times\boldsymbol{A}$により求まる．

解を求めるためには「変分法」のやり方が使える．すなわち，「実際に実現するRとθと$\boldsymbol{A}$」を中心にR，θ，$\boldsymbol{A}$をいろいろに変えた場合，Fは種々の実数値を取るが，R，θ，$\boldsymbol{A}$が「実際に実現するR，θ，$\boldsymbol{A}$」となったとき，Fが極小になると考える．この極小条件より，逆に「実際に実現するR，θ，$\boldsymbol{A}$」の満たすべき方程式が求められるわけである．試料表面の磁界の強さが$\boldsymbol{H}_a$という値になることを境界条件としている．試料のすぐ外の真空中では，磁束密度は磁界の強さのμ_0倍であるので，境界条件は以下となる．

「試料表面での磁束密度$\boldsymbol{B}=\nabla\times\boldsymbol{A}$は，ソレノイドコイルにより加えられている$\boldsymbol{H}_a$に等しい．言い換えると

$\nabla\times\boldsymbol{A}=\mu_0\boldsymbol{H}_a$　　（試料表面において）

である」．

この境界条件を満たす範囲で，スカラ場R，θとベクトル場である$\boldsymbol{A}$を

種々に変えて，この自由エネルギー$\boldsymbol{F}$の極小を求めることになる．以下，スカラ場であるオーダパラメータの大きさRと位相θ及び電磁界のベクトルポテンシャル$\boldsymbol{A}$のそれぞれについて，調べていこう．

［変分法の考え方］ 境界条件を満たすもとで，実際に実現するスカラ場R，θとベクトル場$\boldsymbol{A}$に対して自由エネルギー$\boldsymbol{F}$は極小になると考える．この極小条件は，スカラ場R，θとベクトル場$\boldsymbol{A}$についての方程式となり，これが実際に実現するスカラ場R，θとベクトル場$\boldsymbol{A}$の満たすべき方程式であると考える．

9.2.3 オーダパラメータの大きさについての極小条件

まず，オーダパラメータの絶対値Rについて調べる．自由エネルギー$\boldsymbol{F}$を極小とするRをR_0と置く．この極小値を与えるR_0を中心にRを変える．この絶対値RがR_0のとき自由エネルギー$\boldsymbol{F}$が極小となるということから，逆にスカラ場R，θとベクトル場である$\boldsymbol{A}$の満たす方程式（の一つ）を求めることができる．実際のパラメータβを使い，R_βとパラメータ表示する．**図9.3**に示すようにεを正の数として，この実数βが$-\varepsilon < \beta < \varepsilon$の範囲で変わるのに対応して，$R_\beta$は少しずつ連続的に変化していくとする．

ここでは，$Q(x, y, z)$ を任意のスカラ場として，$R_\beta(x, y, z) = R_0(x, y, z) + \beta Q(x, y, z)$ と置くことにする．ここで，$R(x, y, z)$，$R_0(x, y, z)$ 及び$Q(x, y, z)$ は，スカラではなく，超伝導体中の各々の場所 (x, y, z) において定まるスカラ場である．$\beta = 0$のとき，スカラ場$R_\beta(x, y, z)$ はFの極小を与えるスカラ場$R_0(x, y, z)$ に等しくなる．例えば，$-0.02 < \beta < 0.02$の範囲で考えたとき，βを-0.02から増やしていくと，これに対応する$F(R_\beta, \theta, \boldsymbol{A})$の値は徐々に減少していき，$\beta = 0$で極小値を取り，$\beta$が0より大きくなると今度は徐々に増加していくとする．$F(R_\beta, \theta, \boldsymbol{A})$ が極小値を取るときの，スカラ場$R_0(x, y, z)$ が実際に観測されるオーダパラメータの大きさということになる．先に求めた自由エネルギー$\boldsymbol{F}$の表式の中のRをこのR_βで置き換えることにより

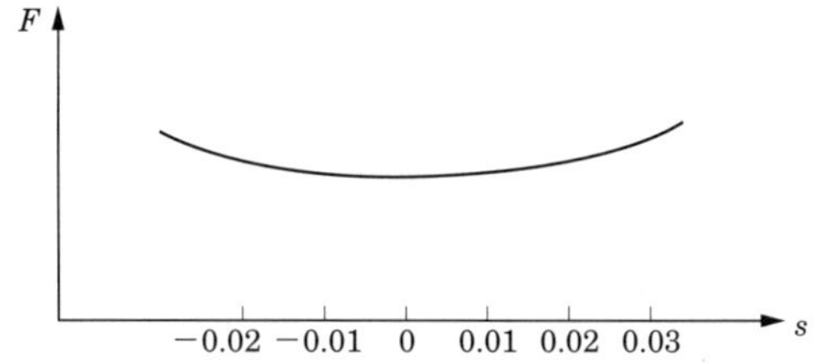

（a）自由エネルギーF_sのs依存性
（F_sはsの滑らかな関数で，$s=0$で極小値をとる）

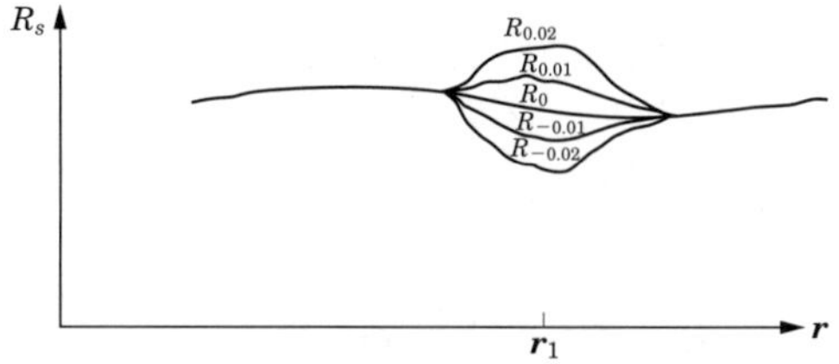

（b）パラメータsを変えた場合のR_sの変化
（ある場所$\boldsymbol{r}_1$の近くでR_sを変形させた例）

（c）上の図（b）に対応する$Q(\boldsymbol{r})$の形
（$Q(\boldsymbol{r})$は$\boldsymbol{r}_1$の近くでのみ正で，他の領域では0である滑らかな関数）

図9.3　変分法での考え方

$$\begin{aligned}\boldsymbol{F} = \boldsymbol{F}_{N0} &+ \int_v dV\left[-aR_\beta^2 + \frac{b}{2}R_\beta^4 + \frac{\hbar^2}{2m^*}\left\{\nabla\left(R_\beta e^{-i\theta}\right) - \frac{2ie\mathbf{A}}{\hbar}R_\beta e^{-i\theta}\right\}\right.\\ &\left.\cdot\left\{\nabla\left(R_\beta e^{i\theta}\right) + \frac{2ie\mathbf{A}}{\hbar}R_\beta e^{i\theta}\right\}dV + \frac{(\nabla\times\mathbf{A})^2}{2\mu_0} - \boldsymbol{H}_a\cdot(\nabla\times\mathbf{A})\right]\end{aligned} \tag{9.18}$$

と書き表される．この$\boldsymbol{F}$ $(R_\beta,\ \theta,\ \mathbf{A})$ は，R_βがR_0のとき，言い換えれば$\beta=0$のとき，極小値となるから

$$\left.\frac{dF(R_\beta,\theta,\boldsymbol{A})}{d\beta}\right|_{\beta=0}=0 \tag{9.19}$$

である．具体的にこの左辺の$dF(R_\beta,\ \theta,\ \boldsymbol{A})/d\beta$を計算すると

$$\begin{aligned}
&\frac{dF(R_\beta,\theta,\boldsymbol{A})}{d\beta}\\
&=\int_v\Bigg[-2aR_\beta\frac{dR_\beta}{d\beta}+2bR_\beta{}^3\frac{dR_\beta}{d\beta}\\
&\quad+\frac{\hbar^2}{2m^*}\left\{\nabla\left(\frac{dR_\beta}{d\beta}e^{-i\theta}\right)-\frac{2ie\mathbf{A}}{\hbar}\frac{dR_\beta}{d\beta}e^{-i\theta}\right\}\\
&\quad\cdot\left\{\nabla\left(R_\beta e^{i\theta}\right)+\frac{2ie\mathbf{A}}{\hbar}R_\beta e^{i\theta}\right\}\\
&\quad+\frac{\hbar^2}{2m^*}\left\{\nabla\left(R_\beta e^{-i\theta}\right)-\frac{2ie\mathbf{A}}{\hbar}R_\beta e^{-i\theta}\right\}\\
&\quad\cdot\left\{\nabla\left(\frac{dR_\beta}{d\beta}e^{i\theta}\right)+\frac{2ie\mathbf{A}}{\hbar}\frac{dR_\beta}{d\beta}e^{i\theta}\right\}\Bigg]dV
\end{aligned} \tag{9.20}$$

となる．途中βについての微分と場所についての微分∇は順番を逆にできて

$$\frac{d}{d\beta}\left\{\nabla\left(R_\beta e^{-i\theta}\right)\right\}=\nabla\left(\frac{dR_\beta}{d\beta}e^{-i\theta}\right) \tag{9.21}$$

となることを使った．更に，$dR_\beta/d\beta=\boldsymbol{Q}$であり，$R_0$は添え字を省略して$R$と表すことにすると，$\beta=0$での$dF(R_\beta,\ \theta,\ \boldsymbol{A})/dB$の値は

$$\begin{aligned}
&\left.\frac{dF(R_\beta,\theta,\boldsymbol{A})}{d\beta}\right|_{\beta=0}\\
&=\int_v\Bigg[-2aRQ+2bR^3Q\\
&\quad+\frac{\hbar^2}{2m^*}\left\{\nabla\left(Qe^{-i\theta}\right)-\frac{2ie\mathbf{A}}{\hbar}Qe^{-i\theta}\right\}\cdot\left\{\nabla\left(Re^{i\theta}\right)+\frac{2ie\mathbf{A}}{\hbar}Re^{i\theta}\right\}\\
&\quad+\frac{\hbar^2}{2m^*}\left\{\nabla\left(Re^{-i\theta}\right)-\frac{2ie\mathbf{A}}{\hbar}Re^{-i\theta}\right\}\cdot\left\{\nabla\left(Qe^{i\theta}\right)+\frac{2ie\mathbf{A}}{\hbar}Qe^{i\theta}\right\}\Bigg]dV
\end{aligned} \tag{9.22}$$

となる．ここでベクトル解析の公式を復習しておく．fをあるスカラ場，$\boldsymbol{a}$を

あるベクトル場として

$$\mathrm{div}\,(f\boldsymbol{a}) = (\mathrm{grad}\,f)\cdot\boldsymbol{a} + f\,(\mathrm{div}\,\boldsymbol{a}) \tag{9.23}$$

である．この公式を∇記号を使って書き直すと

$$\nabla\cdot(f\boldsymbol{a}) = (\nabla f)\cdot\boldsymbol{a} + f(\nabla\cdot\boldsymbol{a}) \tag{9.24}$$

である．この両辺を体積積分して

$$\int_v \nabla\cdot(f\boldsymbol{a})\,dV = \int_v (\nabla f)\cdot\boldsymbol{a}\,dV + \int_v f\,(\nabla\cdot\boldsymbol{a})\,dV \tag{9.25}$$

左辺は

$$\int_v \nabla\cdot(f\boldsymbol{a})\,dV = \int_s f\boldsymbol{a}\cdot d\boldsymbol{S} \tag{9.26}$$

と書換えできるから

$$\int_s f\boldsymbol{a}\cdot d\boldsymbol{S} = \int_v (\nabla f)\cdot\boldsymbol{a}\,dV + \int_v f\,(\nabla\cdot\boldsymbol{a})\,dV \tag{9.27}$$

を得る．この公式を使い，例えば

$$\begin{aligned}
&\int_v \left\{\nabla\left(Qe^{-i\theta}\right)\right\}\cdot\left\{\nabla\left(Re^{i\theta}\right) + \frac{2ie\mathbf{A}}{\hbar}Re^{i\theta}\right\}dV \\
&= -\int_v \left(Qe^{-i\theta}\right)\nabla\cdot\left\{\nabla\left(Re^{i\theta}\right) + \frac{2ie\mathbf{A}}{\hbar}Re^{i\theta}\right\}dV \\
&\quad + \int_s \left[\left(Qe^{-i\theta}\right)\left\{\nabla\left(Re^{i\theta}\right) + \frac{2ie\mathbf{A}}{\hbar}Re^{i\theta}\right\}\right]\cdot d\boldsymbol{S}
\end{aligned} \tag{9.28}$$

と書き換えることができるので，式（9.22）の積分の中の第3項は次のようになる．

$$\begin{aligned}
&\int_v \left\{\nabla\left(Qe^{-i\theta}\right) - \frac{2ie\mathbf{A}}{\hbar}Qe^{-i\theta}\right\}\cdot\left\{\nabla\left(Re^{i\theta}\right) + \frac{2ie\mathbf{A}}{\hbar}Re^{i\theta}\right\}dV \\
&= -\int_v \left[\left(Qe^{-i\theta}\right)\nabla\cdot\left\{\nabla\left(Re^{i\theta}\right) + \frac{2ie\mathbf{A}}{\hbar}Re^{i\theta}\right\}\right. \\
&\quad \left. + Qe^{-i\theta}\,\frac{2ie\mathbf{A}}{\hbar}\cdot\left\{\nabla\left(Re^{i\theta}\right) + \frac{2ie\mathbf{A}}{\hbar}Re^{i\theta}\right\}\right]dV \\
&\quad + \int_s \left[\left(Qe^{-i\theta}\right)\left\{\nabla\left(Re^{i\theta}\right) + \frac{2ie\mathbf{A}}{\hbar}Re^{i\theta}\right\}\right]\cdot d\boldsymbol{S}
\end{aligned}$$

$$= -\int_v \left[Qe^{-i\theta} \left(\nabla + \frac{2ie\mathbf{A}}{\hbar} \right) \cdot \left\{ \nabla \left(Re^{i\theta} \right) + \frac{2ie\mathbf{A}}{\hbar} Re^{i\theta} \right\} \right] dV$$

$$+ \int_s \left[\left(Qe^{-i\theta} \right) \left\{ \nabla \left(Re^{i\theta} \right) + \frac{2ie\mathbf{A}}{\hbar} Re^{i\theta} \right\} \right] \cdot d\mathbf{S}$$

$$= -\int_v \left[Qe^{-i\theta} \left(\nabla + \frac{2ie\mathbf{A}}{\hbar} \right)^2 \left(Re^{i\theta} \right) \right] dV$$

$$+ \int_s \left[\left(Qe^{-i\theta} \right) \left\{ \nabla \left(Re^{i\theta} \right) + \frac{2ie\mathbf{A}}{\hbar} Re^{i\theta} \right\} \right] \cdot d\mathbf{S} \qquad (9.29)$$

結局

$$g_1 = -2aR + 2bR^3 - \frac{\hbar^2}{2m^*} e^{-i\theta} \left(\nabla + \frac{2ie\mathbf{A}}{\hbar} \right)^2 \left(Re^{i\theta} \right)$$

$$- \frac{\hbar^2}{2m^*} e^{i\theta} \left(\nabla - \frac{2ie\mathbf{A}}{\hbar} \right)^2 \left(Re^{-i\theta} \right) \qquad (9.30)$$

$$\boldsymbol{f}_1 = e^{-i\theta} \left(\nabla + \frac{2ie\mathbf{A}}{\hbar} \right) \left(Re^{-i\theta} \right) + e^{-i\theta} \left(\nabla + \frac{2ie\mathbf{A}}{\hbar} \right) \left(Re^{-i\theta} \right) \qquad (9.31)$$

と置いて超伝導体中の各点$\boldsymbol{r}_1$ $(x_1,\ y_1,\ z_1)$ で定義された滑らかなスカラ場 g_1 $(x_1,\ y_1,\ z_1)$ と超伝導体表面の各点r_2 $(x_2,\ y_2,\ z_2)$ で定義された滑らかなベクトル場$\boldsymbol{f}_1$ $(x_2,\ y_2,\ z_2)$ を定めると，$\beta = 0$のときの$dF(R_\beta,\ \theta,\ \mathbf{A})/d\beta$は

$$\left. \frac{dF(R_\beta, \theta, \mathbf{A})}{d\beta} \right|_{\beta=0} = \int_v Qg_1 dV + \int_s Q\boldsymbol{f}_1 \cdot d\mathbf{S} \qquad (9.32)$$

と表される．ただし

$$\frac{dR_\beta}{d\beta} = Q \qquad (9.33)$$

である．

Fは$\beta = 0$のとき極小となるので，式 (9.32) の左辺は0であり，任意のスカラ場Qについて

$$\int_v Qg_1 dV + \int_s Q\boldsymbol{f}_1 \cdot d\mathbf{S} = 0 \qquad (9.34)$$

を得る．

この滑らかなスカラ場Qを種々に変えることにより，「超伝導体内部の各点

で $g_1=0$ であり，超伝導体表面の各点で（$\boldsymbol{f}_1$ の超伝導体表面に垂直な成分）= 0」を導くことができる（付録Ⅸ-A参照）．

9.2.4　オーダパラメータの位相についての極小条件

オーダパラメータの位相，ベクトルポテンシャルについても同様である．オーダパラメータの位相 θ についての変分法から，次のことが導かれる．g_2 を超伝導体中の各点 r_1 (x_1, y_1, z_1) で定義された（滑らかな）スカラ場とし

$$g_2=\frac{i\hbar^2}{2m^*}\left\{Re^{-i\theta}\left(\nabla+\frac{2ie\mathbf{A}}{\hbar}\right)^2\left(Re^{i\theta}\right)-Re^{i\theta}\left(\nabla-\frac{2ie\mathbf{A}}{\hbar}\right)^2\left(Re^{-i\theta}\right)\right\} \tag{9.35}$$

の式で定義し，$\boldsymbol{f}_2$ は超伝導体表面の各点 r_2 (x_2, y_2, z_2) で定義された（滑らかな）ベクトル場として

$$\boldsymbol{f}_2=\frac{i\hbar^2}{2m^*}\left\{Re^{-i\theta}\left(\nabla+\frac{2ie\mathbf{A}}{\hbar}\right)\left(Re^{i\theta}\right)-Re^{i\theta}\left(\nabla-\frac{2ie\mathbf{A}}{\hbar}\right)\left(Re^{-i\theta}\right)\right\} \tag{9.36}$$

の式で定義すると，それぞれ，超伝導体中の各点 r_1 で $g_2=0$，超伝導体表面の各点 r_2 で（$\boldsymbol{f}_2$ の表面に垂直な成分）= 0を得る（付録Ⅸ-B参照）．

この結果と，「オーダパラメータの大きさ」についての変分法の結果と合わせると

超伝導体内部の各点で $g_1=0$ でかつ $g_2=0$ であり

超伝導体表面の各点で（$\boldsymbol{f}_1$ の超伝導体表面に垂直な成分）= 0かつ（$\boldsymbol{f}_2$ の超伝導体表面に垂直な成分）= 0が導かれた．

ここで，スカラ場 $R(x, y, z)$ が場所によらず0であるとき「$g_1=0$ かつ $g_2=0$」を満たすが，求める解として適当でなく，以下この $R=0$ の場合を除く．

よって，「$g_1=0$ かつ $g_2=0$」は「$g_1+i(g_2/R)=0$ かつ $g_1-i(g_2/R)=0$」と同値であると考えてよい．この $g_1+i(g_2/R)=0$ 及び $g_1-i(g_2/R)=0$ は，オーダパラメータを使い書き換えれば，それぞれ

$$-a\Psi+b|\Psi|^2\Psi+\frac{\hbar^2}{2m^*}\left(\nabla+\frac{2ie\mathbf{A}}{\hbar}\right)^2\Psi=0 \tag{9.37}$$

及び

$$-a\Psi^* + b|\Psi|^2\Psi^* + \frac{\hbar^2}{2m^*}\left(\nabla - \frac{2ie\boldsymbol{A}}{\hbar}\right)^2\Psi^* = 0 \tag{9.38}$$

である．この式は互いに複素共役の関係にあるから，実際にはどちらか片方でことは足りる．

超伝導体表面については，$(m^*/\hbar^2)(R\boldsymbol{f}_1 + i\boldsymbol{f}_2)$ を計算して

$$\frac{m^*}{\hbar^2}(R\boldsymbol{f}_1 + i\boldsymbol{f}_2) = Re^{i\theta}\left(\nabla - \frac{2ie\boldsymbol{A}}{\hbar}\right)\left(Re^{-i\theta}\right) \tag{9.39}$$

一方で $(m^*/\hbar^2)(R\boldsymbol{f}_1 - i\boldsymbol{f}_2)$ については

$$\frac{m^*}{\hbar^2}(R\boldsymbol{f}_1 - i\boldsymbol{f}_2) = Re^{-i\theta}\left(\nabla + \frac{2ie\boldsymbol{A}}{\hbar}\right)\left(Re^{i\theta}\right) \tag{9.40}$$

であるから，「($\boldsymbol{f}_1$の超伝導体表面に垂直な成分) = 0かつ ($\boldsymbol{f}_2$の超伝導体表面に垂直な成分) = 0」は，($Re^{i\theta}(\nabla - 2ie\boldsymbol{A}/\hbar)(Re^{-i\theta})$ の超伝導体表面に垂直な成分) = 0かつ ($Re^{-i\theta}(\nabla + 2ie\boldsymbol{A}/\hbar)(Re^{i\theta})$ の超伝導体表面に垂直な成分) = 0」と同値である．これらは互いに複素共役であり，この場合もどちらか一方のみでよいことになる．まず，この$Re^{-i\theta}(\nabla + 2ie\boldsymbol{A}/\hbar)(Re^{i\theta})$ の実部は$R\nabla R$であるので，$R \neq 0$より，(∇Rの超伝導体表面に垂直な成分) = 0が導ける．言い換えると，超伝導体表面で「(Rの傾きである) ∇Rは表面の接線方向である」といえる．次に，$Re^{-i\theta}(\nabla + 2ie\boldsymbol{A}/\hbar)(Re^{i\theta})$ の虚部は$\{\nabla\theta + (2e\boldsymbol{A}/\hbar)\}R^2$であるので，$\{\nabla\theta + (2e\boldsymbol{A}/\hbar)\}R^2$の表面に垂直な成分が0であることが境界条件として出てくる．この$Re^{-i\theta}(\nabla + 2ie\boldsymbol{A}/\hbar)(Re^{i\theta})$ の虚部は式(9.11) から分かるように，電流密度 (の定数倍) であるので，このことは，「超伝導体表面において，超伝導電流の表面に垂直な成分が0である」という境界条件であることが分かる．言い換えれば，超伝導体表面では表面に平行に超伝導電流は流れているということであり，これは，もっともな境界条件である．

付録Ⅸ-A
オーダパラメータの大きさについての極小条件の求め方

任意のスカラ場Qについて

$$\int_v Q g_1 dV + \int_s Q \boldsymbol{f}_1 \cdot d\boldsymbol{S} = 0 \tag{A.1}$$

が成り立つことから，スカラ場Qを種々に変えることにより，「超伝導体内部の各点で$g_1 = 0$であり，超伝導体表面の各点で（$\boldsymbol{f}_1$の超伝導体表面に垂直な成分）= 0」を導くことができる．前半を導く．超伝導体の占める領域をV，Vの表面をSとしている．ここで，点$r_1(x_1, y_1, z_1)$を領域V内の点（ただし，表面S上の点を除く）とする．「点$r_1(x_1, y_1, z_1)$で$g_1(x_1, y_1, z_1) \neq 0$である」と仮定して矛盾を導く．

点$r_1(x_1, y_1, z_1)$で$g_1(x_1, y_1, z_1) \neq 0$であるとすると，$g_1$は滑らかなスカラ場であるから，点$r_1$のごく近くの領域（以下，点$r_1(x_1, y_1, z_1)$の近傍と呼ぶ）でも$g_1$は$g_1(x_1, y_1, z_1)$とほぼ同じ値を取り0ではない．スカラ場$\boldsymbol{R}_1(x, y, z)$を定めるための準備として，次のような「実数の値を取るスカラ場$a(x, y, z)$」を考える．$a(x, y, z)$は点$r_1(x_1, y_1, z_1)$で$a(x_1, y_1, z_1) = 1$であり，$r_1(x_1, y_1, z_1)$から離れると急激に0となる「0若しくは正の値しか取らないスカラ場」とし，表面S上の点で$a(x_1, y_1, z_1) = 0$であり，超伝導体内部の点であっても点$r_1(x_1, y_1, z_1)$の近傍以外では$a(x_1, y_1, z_1) = 0$であるとする．言い換えると，滑らかなスカラ場$g_1(x, y, z)$が点$r_1(x_1, y_1, z_1)$での値$g_1(x_1, y_1, z_1)$とほぼ同じ値を取る$r_1(x_1, y_1, z_1)$のごく近傍でのみ$a(x_1, y_1, z_1) > 0$であるとする．$Q(x, y, z)$を

$$Q(x, y, z) = a(x, y, z)\, g_1^*(x_1, y_1, z_1) \tag{A.2}$$

と定める．このような$Q(x, y, z)$について，式（A.1）の左辺を計算すると$Q(x, y, z)g_1(x_1, y_1, z_1)$は点$r(x_1, y_1, z_1)$の近傍でのみ正の値を取り，それ以外の点で0だから，第1項は正，表面では$Q(x, y, z)$が0だから第2項は0で，この式の左辺は正の値になり，矛盾する．よって，超伝導体内部の点$r_1(x_1, y_1, z_1)$で$g_1 = 0$であることが導かれる．この点$r_1(x_1, y_1, z_1)$を超伝導体内部のすべての場所に動かすことにより，超伝導体内部の各点で$g_1 = 0$で

ある．

次に，後半を説明する．$\boldsymbol{f}_{11}$ =（$\boldsymbol{f}_1$の超伝導体表面と水平な成分を持つベクトル），$\boldsymbol{f}_{12}$ =（$\boldsymbol{f}_1$の超伝導体表面と垂直な成分を持つベクトル）とする．$\boldsymbol{f}_1 = \boldsymbol{f}_{11} + \boldsymbol{f}_{12}$である．ここでは，「超伝導体表面の各点で$\boldsymbol{f}_{12} = 0$」が成り立つわけである．

以下，「超伝導体表面のある点で$\boldsymbol{f}_{12} \neq 0$」と仮定すると矛盾することを示す．

超伝導体表面のある点r_2 (x_2, y_2, z_2) で$\boldsymbol{f}_{12} \neq 0$であるから，この表面の点$r_2$ (x_2, y_2, z_2) 近傍を$\delta\boldsymbol{S}$（この$\delta\boldsymbol{S}$は，この二次元の微少領域を表す面分ベクトルである）とすると，この点r_2 (x_2, y_2, z_2) で$\boldsymbol{f}_1 \cdot \delta\boldsymbol{S}$は0でないことになる．「領域$S$上の点$r_2$ (x_2, y_2, z_2) からの距離がε（>0）以内の範囲」を考え，εを適当に小さく選ぶと，この狭い範囲では滑らかなベクトル場$\boldsymbol{f}_{12}$の値は点r_2 (x_2, y_2, z_2) での値と（ほとんど）同じであるとしてよい．点r_2 (x_2, y_2, z_2) での$\boldsymbol{f}_1 \cdot \delta\boldsymbol{S}$の値から$f = \boldsymbol{f}_1 \cdot \delta\boldsymbol{S}$（$= \boldsymbol{f}_{12} \cdot \delta\boldsymbol{S}$）と複素数$f$を決め，後半の証明では，スカラ場$\boldsymbol{Q}(x, y, z)$ を実数のスカラ場$a_1(x, y, z)$ を使い，$\boldsymbol{Q}(x, y, z) = f^* a_1(x, y, z)$ と定める．ここで$a_1(x, y, z)$ は正若しくは0の値を取るスカラ場で，点r_2 (x_2, y_2, z_2) で$a_1(x_2, y_2, z_2) = 1$，点r_2からε以内の範囲で連続的ではあるが急激に0になり，点r_2からε以上離れた（超伝導体内部及び表面の）点では$a_1(x, y, z) = 0$であるとする．既に超伝導体内の各点で$g_1 = 0$は示されているから式(A.1) の第1項は0であり，第2項の表面積分の中は点r_2 (x_2, y_2, z_2) からの距離がε以内の範囲でのみ0でない値を取り，その値は$f^* a_1(x, y, z) f$に等しく，正の値である．ゆえに0でなく，式(A.1) に矛盾する．

超伝導体表面の点r_2 (x_2, y_2, z_2) で$\boldsymbol{f}_1 \cdot \delta\boldsymbol{S} = \boldsymbol{0}$が成り立ち，$\boldsymbol{f}_1$は超伝導体表面と垂直な成分を持たない，すなわち，$\boldsymbol{f}_{12} = \boldsymbol{0}$が超伝導体表面の点$r_2$ (x_2, y_2, z_2) で成り立つことになる．次に，超伝導体表面のあらゆる場所にこの点r_2 (x_2, y_2, z_2) を考えることにより，超伝導体表面のあらゆる場所で$\boldsymbol{f}_{12} = \boldsymbol{0}$が導かれる．

付録Ⅸ-B
オーダパラメータの位相についての極小条件の求め方

オーダパラメータの位相θ，ベクトルポテンシャル$\boldsymbol{A}$についても，オーダパラメータの大きさRの場合と同様に議論できる．この節では，オーダパラメータの位相θについて変分法により調べる．自由エネルギーを極小とするθをθ_0と置く．この極小値を与えるθ_0を中心にθを変え，実数のパラメータβを使い，θ_βとパラメータ表示する．すなわち，$\eta(x, y, z)$ を任意の滑らかなスカラ場として，$\theta_\beta(x, y, z) = \theta_0(x, y, z) + \beta\eta(x, y, z)$ と置く．この$\theta_\beta(x, y, z)$，$\theta_0(x, y, z)$ 及び$\eta(x, y, z)$ は，スカラではなく，超伝導体内の各点 (x, y, z) において実数の値の定まる「スカラ場」である．$\beta = 0$のとき，θ_βは極小を与えるθ_0に等しくなる．先に求めた自由エネルギーの式の中のθをこのθ_βで置き換えることにより

$$
\begin{aligned}
&\boldsymbol{F}(R, \theta_\beta, \boldsymbol{A}) \\
&= \boldsymbol{F}_{N_0} + \int_v \Bigg[-aR^2 + \frac{b}{2}R^4 \\
&\quad + \frac{\hbar^2}{2m^*}\left\{\nabla\left(Re^{-i\theta_\beta}\right) - \frac{2ie\mathbf{A}}{\hbar}Re^{-i\theta_\beta}\right\}\cdot\left\{\nabla\left(Re^{i\theta_\beta}\right) + \frac{2ie\mathbf{A}}{\hbar}Re^{i\theta_\beta}\right\} \\
&\quad + \frac{(\nabla\times\boldsymbol{A})^2}{2\mu_0} - \boldsymbol{H}_a\cdot(\nabla\times\boldsymbol{A})\Bigg]dV
\end{aligned}
\tag{B.1}
$$

この$\boldsymbol{F}(R, \theta_\beta, \boldsymbol{A})$ はθ_βがθ_0のとき，言い換えればβが0のとき，極小値を取るから

$$
\left.\frac{d\boldsymbol{F}(R, \theta_\beta, \boldsymbol{A})}{d\beta}\right|_{\beta=0} = 0 \tag{B.2}
$$

である．具体的にこの左辺のdF/dBを$\beta = 0$のときに，積の微分の公式などを使い，前節と同様にして計算すると

$$\left.\frac{dF(R,\theta_\beta,\boldsymbol{A})}{d\beta}\right|_{\beta=0}$$

$$=\int_v\left[\frac{\hbar^2}{2m^*}\left\{\nabla\left((-i\eta)Re^{-i\theta_\beta}\right)-\frac{2ie\boldsymbol{A}}{\hbar}(-i\eta)Re^{-i\theta_\beta}\right\}\right.$$

$$\cdot\left\{\nabla\left(Re^{i\theta_\beta}\right)+\frac{2ie\boldsymbol{A}}{\hbar}Re^{i\theta_\beta}\right\}$$

$$+\frac{\hbar^2}{2m^*}\left\{\nabla\left(Re^{-i\theta_\beta}\right)-\frac{2ie\boldsymbol{A}}{\hbar}Re^{-i\theta_\beta}\right\}$$

$$\left.\cdot\left\{\nabla\left((i\eta)Re^{i\theta_\beta}\right)+\frac{2ie\boldsymbol{A}}{\hbar}(i\eta)Re^{i\theta_\beta}\right\}\right]dV \tag{B.3}$$

を得る．前節の場合と同様に，この式から部分積分により，変形していくことにより，R，θ，$\boldsymbol{A}$についての新たな関係式を得ることができる．

$$\left.\frac{dF(R,\theta_\beta,\boldsymbol{A})}{d\beta}\right|_{\beta=0}$$

$$=\int_v\left[i\eta\frac{\hbar^2}{2m^*}\left(Re^{-i\theta_\beta}\right)\left\{\frac{2ie\boldsymbol{A}}{\hbar}+\nabla\right\}\right.$$

$$\cdot\left\{\nabla\left(Re^{i\theta_\beta}\right)+\frac{2ie\boldsymbol{A}}{\hbar}Re^{i\theta_\beta}\right\}$$

$$\left.-i\eta\frac{\hbar^2}{2m^*}\left(Re^{i\theta_\beta}\right)\left\{-\frac{2ie\boldsymbol{A}}{h}+\nabla\right\}\cdot\left\{\nabla\left(Re^{-i\theta_\beta}\right)-\frac{2ie\boldsymbol{A}}{\hbar}Re^{-i\theta_\beta}\right\}\right]dV$$

$$+\int_s\left[-i\eta\frac{\hbar^2}{2m^*}\left(Re^{-i\theta_\beta}\right)\left\{\nabla\left(Re^{i\theta_\beta}\right)+\frac{2ie\boldsymbol{A}}{\hbar}Re^{i\theta_\beta}\right\}\right.$$

$$\left.+i\eta\frac{\hbar^2}{2m^*}\left(Re^{i\theta_\beta}\right)\left\{\nabla\left(Re^{-i\theta_\beta}\right)-\frac{2ie\boldsymbol{A}}{\hbar}Re^{-i\theta_\beta}\right\}\right]\cdot d\boldsymbol{S} \tag{B.4}$$

と計算され，次の形にまとめることができる．

$$\left.\frac{dF(R,\theta_\beta,\boldsymbol{A})}{d\beta}\right|_{\beta=0}=\int_v\eta g_2(x_1,y_1,z_1)dV$$

$$+\int_s\eta\boldsymbol{f}_2(x_2,y_2,z_2)\cdot d\boldsymbol{S} \tag{B.5}$$

ただし，ここで g_2 は超伝導体中の各点 r_1 (x_1, y_1, z_1) で定義された（滑らかな）スカラ場，$\boldsymbol{f}_2$ は超伝導体表面の各点 r_2 (x_2, y_2, z_2) で定義された（滑らかな）ベクトル場であり，それぞれ

$$g_2 = \frac{i\hbar^2}{2m^*}\left\{Re^{-i\theta}\left(\nabla + \frac{2ie\boldsymbol{A}}{\hbar}\right)^2 \left(Re^{i\theta}\right) - Re^{i\theta}\left(\nabla - \frac{2ie\boldsymbol{A}}{\hbar}\right)^2 \left(Re^{-i\theta}\right)\right\} \tag{B.6}$$

$$\boldsymbol{f}_2 = -\frac{i\hbar^2}{2m^*}\left\{Re^{-i\theta}\left(\nabla + \frac{2ie\boldsymbol{A}}{\hbar}\right)\left(Re^{i\theta}\right) - Re^{i\theta}\left(\nabla - \frac{2ie\boldsymbol{A}}{\hbar}\right)\left(Re^{-i\theta}\right)\right\} \tag{B.7}$$

と表される．ただし，式（B.6），（B.7）では θ_β を再び単に θ と書き換えた．$\beta = 0$ で $\boldsymbol{F}$ が極小となることから，式（B.5）の左辺は0で，オーダパラメータの大きさ R のときと同様の議論により，「超伝導体中で $g_2 = 0$ であり，超伝導体表面で（$\boldsymbol{f}_2$ の表面に垂直な成分）= 0」であることが成り立つ．

付録Ⅸ-C
電磁界のベクトルポテンシャルについての極小条件の求め方

ベクトルポテンシャルについても同様である．自由エネルギー$\boldsymbol{F}$を極小とする$\boldsymbol{A}$を$\boldsymbol{A}_0$と置く．この$\boldsymbol{A}$若しくは$\boldsymbol{A}_0$はベクトルでなく，各々の場所(x, y, z)において定める「ベクトル場」であるという点を協調するため，$\boldsymbol{A}(x, y, z)$及び$\boldsymbol{A}_0(x, y, z)$と書いてもよい．この極小値を与える$\boldsymbol{A}_0$を中心に$\boldsymbol{A}$を変え，実数のパラメータ$\beta$を使い，$\boldsymbol{A}_\beta$とパラメータ表示する．すなわち，$\boldsymbol{Z}(x, y, z)$を任意の滑らかなベクトル場として，$\boldsymbol{A}_\beta(x, y, z) = \boldsymbol{A}_0(x, y, z) + \beta\boldsymbol{Z}(x, y, z)$と置く．$\beta = 0$のとき，$\boldsymbol{A}_\beta$は極小を与える$\boldsymbol{A}_0$に等しくなる．先に求めた自由エネルギーの$\boldsymbol{F}$の表式の$\boldsymbol{A}$を，この$\boldsymbol{A}_\beta$で置き換えることにより次式を得る．

$$
\begin{aligned}
&F(R, \theta_\beta, \boldsymbol{A}) \\
&= \boldsymbol{F}_{N0} + \int_v dV \Bigg[-aR^2 + \frac{b}{2}R^4 \\
&\quad + \frac{\hbar^2}{2m^*}\left\{\nabla\left(Re^{-i\theta}\right) - \frac{i2e\boldsymbol{A}_\beta}{\hbar}Re^{-i\theta}\right\} \\
&\quad \cdot\left\{\nabla\left(Re^{i\theta}\right) + \frac{i2e\boldsymbol{A}_\beta}{\hbar}Re^{i\theta}\right\} + \frac{(\nabla\times\boldsymbol{A}_\beta)^2}{2\mu_0} - \boldsymbol{H}_a\cdot(\nabla\times\boldsymbol{A}_\beta)\Bigg]
\end{aligned}
\tag{C.1}
$$

この$F(R, \theta, \boldsymbol{A}_\beta)$は$\boldsymbol{A}_\beta$が$\boldsymbol{A}_0$のとき，言い換えれば$\beta$が0のとき極小値となるから

$$
\left.\frac{dF(R, \theta_\beta, \boldsymbol{A}_\beta)}{d\beta}\right|_{\beta=0} = 0 \tag{C.2}
$$

である．具体的にこの左辺の$dF/d\beta$を計算するため，ベクトル解析の公式をまず導く．

$$
\boldsymbol{B}\cdot(\nabla\times\boldsymbol{C}) = \begin{vmatrix} B_x & B_y & B_z \\ \dfrac{\partial}{\partial x} & \dfrac{\partial}{\partial y} & \dfrac{\partial}{\partial z} \\ C_x & C_y & C_z \end{vmatrix} \tag{C.3}
$$

$$\boldsymbol{C}\cdot(\nabla\times\boldsymbol{B})=\begin{vmatrix} C_x & C_y & C_z \\ \dfrac{\partial}{\partial x} & \dfrac{\partial}{\partial y} & \dfrac{\partial}{\partial z} \\ B_x & B_y & B_z \end{vmatrix} \tag{C.4}$$

$$\nabla\cdot(\boldsymbol{C}\times\boldsymbol{B})=\frac{\partial}{\partial x}(C_yB_z-C_zB_y)+\frac{\partial}{\partial y}(C_zB_x-C_xB_z)+\frac{\partial}{\partial z}(C_xB_y-C_yB_x) \tag{C.5}$$

より

$$\nabla\cdot(\boldsymbol{C}\times\boldsymbol{B})=\boldsymbol{B}\cdot(\nabla\times\boldsymbol{C})-\boldsymbol{C}\cdot(\nabla\times\boldsymbol{B}) \tag{C.6}$$

である．この両辺の領域についての体積積分とガウスの定理より

$$\int_s(\boldsymbol{C}\times\boldsymbol{B})\cdot d\boldsymbol{S}=\int_v\nabla\cdot(\boldsymbol{C}\times\boldsymbol{B})=\int_v\boldsymbol{B}\cdot(\nabla\times\boldsymbol{C})dV-\int_v\boldsymbol{C}\cdot(\nabla\times\boldsymbol{B})dV \tag{C.7}$$

であり，移項して次のベクトル解析の公式を得る．

$$\int_v\boldsymbol{B}\cdot(\nabla\times\boldsymbol{C})dV=\int_v\boldsymbol{C}\cdot(\nabla\times\boldsymbol{B})dV+\int_s(\boldsymbol{C}\times\boldsymbol{B})\cdot d\boldsymbol{S} \tag{C.8}$$

この公式で$\boldsymbol{C}$を$d\boldsymbol{A}_\beta/d\beta$，$\boldsymbol{B}$を$\boldsymbol{B}_\beta$（$=\nabla\times\boldsymbol{A}_\beta$）とそれぞれ置き換えると

$$\int_v(\nabla\times\boldsymbol{A}_\beta)\cdot\left(\nabla\times\frac{d\boldsymbol{A}_\beta}{d\beta}\right)dV=\int_v\frac{d\boldsymbol{A}_\beta}{d\beta}\cdot\{\nabla\times(\nabla\times\boldsymbol{A}_\beta)\}dV+\int_s\left\{\frac{d\boldsymbol{A}_\beta}{d\beta}\times(\nabla\times\boldsymbol{A}_\beta)\right\}\cdot d\boldsymbol{S} \tag{C.9}$$

が得られる．また

$$\int_v\boldsymbol{H}_a\cdot\left(\nabla\times\frac{d\boldsymbol{A}_\beta}{d\beta}\right)dV=\int_s\left(\frac{d\boldsymbol{A}_\beta}{d\beta}\times\boldsymbol{H}_a\right)\cdot d\boldsymbol{S} \tag{C.10}$$

である．これらの式を使い

$$\left.\frac{dF(R,\theta,\boldsymbol{A}_\beta)}{d\beta}\right|_{\beta=0}=\int_v\boldsymbol{Z}\cdot g_3\,dV+\int_s\boldsymbol{Z}\times\boldsymbol{f}_3\cdot d\boldsymbol{S} \tag{C.11}$$

と書き表すことができることが分かる．ただし，右辺でg_3は超伝導体の各点r_1（x_1，y_1，z_1）で定義された滑らかなベクトル場，$\boldsymbol{f}_3$は超伝導体表面の各点

$r_2(x_2, y_2, z_2)$ で定義された滑らかなベクトル場であり，それぞれ次のように表される．

$$g_3 = \frac{1}{\mu_0}\nabla\times(\nabla\times\boldsymbol{A}) - \frac{ie\hbar}{m^*}\left[\Psi^*\left(\nabla+\frac{2ie}{\hbar}\boldsymbol{A}\right)\Psi - \left\{\left(\nabla-\frac{2ie}{\hbar}\boldsymbol{A}\right)\Psi^*\right\}\Psi\right] \quad \text{(C.12)}$$

$$\boldsymbol{f}_3 = \frac{1}{\mu_0}\nabla\times\boldsymbol{A} - \boldsymbol{H}_a = \frac{1}{\mu_0}\boldsymbol{B} - \boldsymbol{H}_a \quad \text{(C.13)}$$

また，$\boldsymbol{A}_\beta$を$\boldsymbol{A}_\beta(x, y, z) = \boldsymbol{A}_0(x, y, z) + \beta\boldsymbol{Z}(x, y, z)$ と定めているので

$$\frac{d\boldsymbol{A}_\beta(x, y, z)}{d\beta} = \boldsymbol{Z}(x, y, z) \quad \text{(C.14)}$$

であることを使った．式（C.12)，（C.13）では$\boldsymbol{A}_\beta$を再び単に$\boldsymbol{A}$と書き換えた．$\beta = 0$でFが極小となることより，$F(R, \theta, \boldsymbol{A}_\beta)/d\beta$は

$$\left.\frac{dF(R, \theta, \boldsymbol{A}_\beta)}{d\beta}\right|_{\beta=0} = 0 \quad \text{(C.15)}$$

を満たす．よって任意の滑らかなベクトル場$\boldsymbol{Z}$について

$$\int_v \boldsymbol{Z}\cdot g_3\,dV + \int_s \boldsymbol{Z}\times\boldsymbol{f}_3\cdot d\boldsymbol{S} = 0 \quad \text{(C.16)}$$

の関係式を満たすわけである．さらに，この式の左辺第2項は，155ページで述べた境界条件より0である．よって式（C.16）より，「超伝導体内部の各点で$g_3 = 0$を導くことができる」．

これを証明する．仮に，「超伝導体の占める領域V（超伝導体表面S上の点を除く）のある点$r_1(x_1, y_1, z_1)$ でベクトル場$g_3(x_1, y_1, z_1)$ の大きさが0でないとする」．

このとき，g_3は滑らかなベクトル場であるから，g_3は点r_1のごく近くの領域でも$g_3(x_1, y_1, z_1)$ とほとんど同じ向きと大きさを持つ．ここで，g_3が点$r_1(x_1, y_1, z_1)$ での値$g_3(x_1, y_1, z_1)$ とほとんど同じ向きと大きさを持つ点r_1を含む狭い領域δVを考える．このとき，$a(x, y, z)$ を0以上の実数の値を取る滑らかなスカラ場として，$r_1(x_1, y_1, z_1)$ で$a(x_1, y_1, z_1) = 1$であり，$r_1(x_1, y_1, z_1)$ から離れると減少し，滑らかに0となるスカラ場とする．更に，

表面S上の点では$a(x_1, y_1, z_1) = 0$であり，超伝導体内部の点であっても，点$r_1(x_1, y_1, z_1)$の近傍δV以外では$a(x_1, y_1, z_1) = 0$であるとする．言い換えると，滑らかなスカラ場$g_3(x, y, z)$が点$r_1(x_1, y_1, z_1)$での値$g_3(x_1, y_1, z_1)$とほぼ同じ値を取る$r_1(x_1, y_1, z_1)$のごく近傍でのみ，$a(x_1, y_1, z_1) > 0$であるとする．$\boldsymbol{Z}(x, y, z)$を

$$\boldsymbol{Z}(x, y, z) = g_3^*(x_1, y_1, z_1)\, a(x, y, z)$$

と置く．このような$\boldsymbol{Z}(x, y, z)$について，式(C.16)の左辺を計算すると$\boldsymbol{Z}(x, y, z)\cdot g_3$は点$r_1(x_1, y_1, z_1)$の近傍でのみ正の値を取り，それ以外の点で0であるから，式(C.16)の左辺第1項は正，第2項は0で，「(左辺) = 0」に矛盾する．よって，超伝導体内部の点$r_1(x_1, y_1, z_1)$の近傍で$g_3 = 0$であることが導かれる．この点$r_1(x_1, y_1, z_1)$を超伝導体内部のすべての場所に動かすことにより，超伝導体内部の各点で$g_3 = 0$である．

以上まとめると，次のことが成り立つ．

(1) 超伝導体内部では

$$-a\,\Psi + b|\Psi|^2\,\Psi + \frac{\hbar^2}{2\,m^*}\left(\nabla + \frac{2\,ie\mathbf{A}}{\hbar}\right)^2 \Psi = 0 \qquad \text{(C.17)}$$

及び超伝導電流の式

$$\boldsymbol{j} = \frac{ie\hbar}{m^*}\left[\Psi^*\left(\nabla + \frac{2\,ie}{\hbar}\mathbf{A}\right)\Psi - \left\{\left(\nabla - \frac{2\,ie}{\hbar}\mathbf{A}\right)\Psi^*\right\}\Psi\right] \qquad \text{(C.18)}$$

が成り立つ．

(2) 超伝導体表面では∇Rは表面に平行である．

(3) 超伝導体表面では超伝導電流は表面に平行に流れる．

(4) 超伝導体表面での磁束密度$\boldsymbol{B}$は，すぐ外の真空中の磁束密度（$\mu_0 \boldsymbol{H}_a$）に等しい．

補足事項として，ここで得られた電流密度をオーダパラメータで表した式を使い，この電流密度の発散を計算してみる．

$$
\begin{aligned}
\nabla\cdot \boldsymbol{j} &= \frac{ie\hbar}{m^*}\nabla\cdot\left[\Psi^*\left(\nabla+\frac{2ie}{\hbar}\boldsymbol{A}\right)\Psi-\left\{\left(\nabla-\frac{2ie}{\hbar}\boldsymbol{A}\right)\Psi^*\right\}\Psi\right] \\
&= \frac{ie\hbar}{m^*}\left[(\nabla\Psi^*)\cdot\left(\nabla+\frac{2ie}{\hbar}\boldsymbol{A}\right)\Psi+\Psi^*\nabla\cdot\left(\nabla+\frac{2ie}{\hbar}\boldsymbol{A}\right)\Psi\right. \\
&\quad \left.-\left\{\nabla\cdot\left(\left(\nabla-\frac{2ie}{\hbar}\boldsymbol{A}\right)\Psi^*\right)\right\}\Psi-\left(\left(\nabla-\frac{2ie}{\hbar}\boldsymbol{A}\right)\Psi^*\right)\cdot(\nabla\Psi)\right] \\
&= \frac{ie\hbar}{m^*}\left\{\Psi^*\cdot\left(\nabla+\frac{2ie}{\hbar}\boldsymbol{A}\right)^2\Psi-\Psi\left(\nabla-\frac{2ie}{\hbar}\boldsymbol{A}\right)^2\Psi^*\right\}
\end{aligned}
\tag{C.19}
$$

式変形後の右辺は位相のところで調べたg_2の定数倍に等しい．超伝導体領域内で$g_2=0$であるから，電流の発散が0であることが導けたわけである．位相についての$\boldsymbol{F}$の極小条件は，電流の発散が0であることを保証していることになる．

参考文献

[1] 久保亮五, 市村 浩, 碓井恒丸, 橋爪夏樹, "大学演習 熱学・統計力学," p. 116, 裳華房, 東京, 1961.

[2] Y. Okabe, K. Takeuchi and M. Takatsu, "Voltage induced modulation of Josephson Current," J. Appl. Phys., vol. 60, p. 707, 1986.

[3] A. Nakayama, S. Abe, T. Morita, M. Iwata and Y. Yamamoto, "Modulation of Josephson current of Nb junctions by two-dimensional scan of external magnetic field," IEEE Trans. Magn., vol. 36, p. 3511, 2000.

[4] W. H. Chang, "The inductance of a superconducting strip transmission line," J. Appl. Phys., vol. 50, p. 8129, 1979.

[5] W. H. Chang, "Numerical calculation of the inductances of a multi-superconductor transmission line system," IEEE Trans. Magn., vol. MAG-17, no. 50, p. 764, 1981.

[6] D. A. Buck, "The cryotron−A superconductive computer component," Proc. IRE, vol.44, p. 482, 1956.

[7] M. Klein and D. J. Herrell, "Sub-100ps experimental Josephson interferometer logic gates," IEEE, J. Solid-State Circuits, vol. SC-13, p. 577, 1978.

[8] 一宮善近, 大畑正信, 山田 肇, 藤田修一, 赤沼裕二, 石田 晶, "磁気結合形論理ゲートファミリー," 信学技報, 電子デバイス研資, ED81-66, p. 99, 1981.

[9] T. R. Gheewala, "Josephson logic circuits based on nonlinear current injection in interferometer devices," Appl. Phys. Lett., vol. 33, p. 781, 1978.

[10] N. Fujimaki, H. Hoko, H. Shibayama, S. Hasuo and T. Yamaoka, "Variable threshold logic with superconducting quantum interferometers," IEEE Trans. Magn., vol. MAG-19, p. 1234, 1983.

[11] S. Takada, S. Kosaka and H. Hayakawa, "Current injection logic gate with four junctions," Jpn. J. Appl. Phys., Suppl. vol. 19-1, p. 607, 1980.

[12] T. A. Fulton, S. S. Pei and L. N. Dunkleberger, "A simple high-performance current-switched Josephson gate," Appl. Phys. Lett., vol. 34, p. 709, 1979.

[13] T. R. Gheewala and A. Mukherjee, "Josephson direct coupled logic (DCL)," Tech. Digest International Electron Devices Meeting, p. 482, 1979.

[14] J. Sone, T. Yoshida, S. Tahara and H. Abe, "Logic delays of 5 mm registor coupled Josephson logic," Appl. Phys. Lett., vol. 41, p. 886, 1982.

[15] K. Hohkawa, M. Okada and A. Ishida, "A novel current injection Josephson logic gate with high gain," Appl. Phys. Lett., vol. 39, p. 653, 1981.

[16] H. Tamura, Y. Okabe and T. Sugano, "Josephson single-flux-quantum logic circuits using niobium weak links," Appl. Phys. Lett., vol. 39, p. 761, 1981.

[17] H. H. Zappe, "A single flux quantum Josephson junction memory cell," Appl. Phys. Lett., vol. 25, p. 424, 1974.

[18] P. Guéret, "Experimental observation of the switching transients resulting from single flux quantum transitions in superconducting Josephson devices," Appl. Phys. Lett., vol. 25, p. 426, 1974.

[19] W. H. Henkels, "Fandamental criteria for the design of high-performance Josephson nondestructive readout randam access memory cells and experimental confirmation," J. Appl. Phys., vol. 50, p. 8143, 1979.

エレクトロニクス全般については［A］～［D］があり，文献リストも充実している．
［A］ 早川尚夫（編），"超高速ディジタルデバイス・シリーズ 超高速ジョセフソン・デバイス，" 培風館，東京，1986.
［B］ 石田 晶，柳川文彦，吉清治夫（編著），"超伝導集積回路，" 電子情報通信学会，東京，1983.
［C］ 原 宏（編），"量子電磁気計測，" 電子情報通信学会，東京，1991.
本書で扱えなかったSQUID応用については下記が詳しい．
［D］ 原 宏，栗城真也（編），"脳磁気科学―SQUID計測と医学応用―，" オーム社，東京，1997.
超伝導理論については
［E］ 中嶋貞雄，"超伝導入門，" 培風館，東京，1971.
電気磁気学については
［F］ 山田直平，"電気磁気学（第二次改訂版），" 電気学会，東京，1979.
を参考とした．

索　　引

あ

安定な点 …………………………… 94

い

位　相 ………………… 5, 38, 161, 165
位相の傾き ……………………… 5, 52
位相の時間変化 …………………… 38
位相の符号の取り方 ……………… 52
一般化運動量 ……………………… 42
印加磁界……………………………… 2
インダクタ　…………… 18, 63, 78, 98
インダクタとコンデンサの並列回路
……………………………………… 63

え

永久電流……………………………… 9
エネルギーの保存則 ……………… 64
エネルギー保存　……… 18, 22, 68, 88

お

オーダパラメータ…………………… 4
オーダパラメータに対応する位相
……………………………………… 31
オーダパラメータの位相………… 161
オーダパラメータの一価性………… 4
オーダパラメータの大きさ… 156, 163

か

カイネティックインダクタンス
……………………………………… 125
干渉計形記憶セル………………… 134

き

ギブズの自由エネルギー ………… 27
ギャップ ………………………… 37
ギャップのある超伝導体 ………… 60
曲面上の質点の運動 ……………… 65
ギンツブルグ・ランダウ
(Ginzburg-Landau) 方程式
(GL 方程式) …………………… 145

く

くぼ地……………………………… 109
クライオトロン…………………… 127

け

ゲージの変換 ……………………… 33
ゲージ依存性 ……………………… 33
ゲージ不変な位相差
……………………… 11, 35, 79, 101
ゲージ不変 ……………………… 35, 150

さ

鎖交磁束 …… 11, 19, 61, 78, 104, 144

し

磁化率 …… 26, 28
磁気結合形（のSQUID）…… 77
磁気（磁界）結合形論理回路…… 129
指数関数的 …… 45
磁性体 …… 25
磁束計 …… 13
磁束の量子化 …… 3, 8
磁束密度 …… 1, 32
磁束密度に伴うエネルギー…… 123
磁束量子…… 7
質点のポテンシャルエネルギー …… 15
弱結合形接合 …… 47
自発的対称性の破れ…… 147
自由エネルギー …… 23
重　力 …… 65
重力のポテンシャルエネルギー …… 15
常伝導状態…… 2
ジョセフソンの関係式 …… 39
ジョセフソン効果…… 9
ジョセフソン接合 …… 9, 46
ジョセフソン接合の動特性 …… 72

す

スイッチング時間 ……131
スカラ場 ……149
スカラポテンシャル ……32, 38

せ

接合のエネルギー …… 73, 75, 86, 108
洗濯板 …… 75, 109
洗濯板モデル …… 72, 84, 104

そ

ソレノイドコイル…… 3
損失成分 …… 86

た

谷の領域…… 117
ターンオン遅延時間…… 131
単振動 …… 64, 70

ち

超伝導体の持つエネルギー …… 23
超伝導体表面…… 171
超伝導転移温度…… 2
超伝導電流 …… 3, 5, 13, 43, 48
超伝導電流に伴うエネルギー…… 124
超伝導電流の外部磁界による変調現象 …… 42, 58
超伝導量子干渉計（SQUID）… 10, 59
超伝導ループ形記憶セル…… 142

て

定電圧源 …… 16
定電圧源のポテンシャルエネルギー …… 16
定電流源 …… 19
定電流源のポテンシャルエネルギー …… 20, 151
電圧状態 …… 77

電界の強さ …… 32
電磁界 …… 32
電磁界のゲージポテンシャル …… 33
電子対 …… 32
電子の凝縮状態 …… 4
電流源のポテンシャルエネルギー …… 73, 75, 86, 108, 109
電流注入形（のSQUID） …… 77
電流注入形論理回路 …… 129
電流の発散 …… 172
電流密度 …… 153

と

等価回路 …… 18, 22, 78, 98
等高線 …… 109
トンネル形接合 …… 46
トンネル素子 …… 46

な

滑らかなスカラ場 …… 163, 165

ね

熱エネルギー …… 18, 23

は

ば　ね …… 14, 65
ばねにつながれた質点 …… 65
反磁性電流 …… 3, 43
反磁界の効果 …… 26, 151

ひ

非線形素子 …… 128
ヒステリシス …… 80

ふ

不安定な点 …… 94
負荷直線 …… 128
負荷抵抗 …… 128
不完全な反磁性の振舞い …… 62
複数個の安定状態 …… 91
浮遊容量 …… 72, 84, 104

へ

平衡状態 …… 15
ベクトルポテンシャル …… 32, 154, 168
ベクトルポテンシャルの線積分 …… 38

ほ

放物線 …… 66

ま

マイスナー（Meissner）効果 …… 1
マグネティックインダクタンス …… 125
摩擦力 …… 70

め

面積一定の法則 …… 50

り

力学系との対応 …… 68
力学的モデル …… 65, 67, 69
両電極の位相差 …… 49
履　歴 …… 94
臨界温度 …… 2

臨界電流 ……………………………… 10

る

ループ状の超伝導体………………… 4

ろ

ロンドンの侵入長 ………… 3, 37, 43

A

ac ジョセフソン効果 ………… 30, 39

C

C の形をした超伝導体 …………… 37

D

dc ジョセフソン効果 ………… 42, 47
dc-SQUID ……………………… 10, 98
dc-SQUID の動特性 ……………… 104

G

GL 方程式 ………………………… 145

M

mv 運動量……………………………… 42

R

rf-SQUID ……………………… 10, 59
rf-SQUID の動特性 ……………… 84
RSJ（Resistively Shunted Junction）
　モデル ……………………………… 74

S

SQUID（Superconducting
　QUantum Interferometer
　Device）……………………… 10, 59

―― 著者略歴 ――

なか　やま　あき　よし
中　山　明　芳

昭60東大・院工学系研究科博士了．工博．同年神奈川大・工・専任講師．助教授を経て，現在同教授．平8～9英国ケンブリッジ大留学．超伝導デバイス，量子効果デバイスの研究に従事．

超伝導エレクトロニクス入門

Introduction to Superconducting Electronics

平成15年11月10日　初版第1刷発行

編　者	㈳電子情報通信学会
発行者	家　田　信　明
印刷者	山　岡　景　仁
印刷所	三美印刷株式会社
〒116-0013	東京都荒川区西日暮里5-9-8
制　作	株式会社 エヌ・ピー・エス
〒111-0051	東京都台東区蔵前2-5-4北条ビル

発行所　社団法人　電子情報通信学会
〒105-0011　東京都港区芝公園3丁目5番8号（機械振興会館内）
電　話　(03)3433-6691（代）　振替口座　00120-0-35300
ホームページ　http://www.ieice.org/

取次販売所　株式会社　コロナ社
〒112-0011　東京都文京区千石4丁目46番10号
電　話　(03)3941-3131（代）　振替口座　00140-8-14844
ホームページ　http://www.coronasha.co.jp

ISBN 4 - 88552 - 198 - X　Printed in Japan